工作中总有些等待是值得的

易风 —— 著

民主与建设出版社
·北京·

© 民主与建设出版社，2024

图书在版编目(CIP) 数据

人生中总有些等待是值得的 / 易风著. -- 北京：民主与建设
出版社，2016.8（2024.6重印）

ISBN 978-7-5139-1229-7

Ⅰ.①人… Ⅱ.①易… Ⅲ.①成功心理－青年读物

Ⅳ.①B848.4-49

中国版本图书馆CIP数据核字（2016）第180099号

人生中总有些等待是值得的

RENSHENG ZHONG ZONG YOU XIE DENGDAI SHI ZHIDE DE

著　　者	易　风
责任编辑	刘树民
出版发行	民主与建设出版社有限责任公司
电　　话	（010）59417747　59419778
社　　址	北京市海淀区西三环中路10号望海楼E座7层
邮　　编	100142
印　　刷	三河市同力彩印有限公司
版　　次	2016年11月第1版
印　　次	2024年6月第2次印刷
开　　本	880mm×1230mm　1/32
印　　张	6
字　　数	180千字
书　　号	ISBN 978-7-5139-1229-7
定　　价	48.00 元

注：如有印、装质量问题，请与出版社联系。

第一辑 CHAPTER 01
赞美是一缕阳光

第二辑 CHAPTER 02
人生最好的境界

第三辑 CHAPTER 03
转身遇见美

第四辑 CHAPTER 04
不放弃自己的好

第五辑 CHAPTER 05
好心态好生活

第六辑 CHAPTER 06
多给别人一个机会

第一辑
赞美是一缕阳光

赞美对温暖人类的灵魂而言，
就像阳光一样，
透过厚重的云层与阴霾铺洒在心间，
绽放出绮丽夺目的光华。

赞美是一缕阳光

侄儿才六个月大，我经常听见他在隔壁房间里被姐姐逗得咯咯直笑。偶尔我也会跑过去凑凑热闹，很兴奋地跟小侄子说一些以为他能听得懂的话。他有时会眨巴着双眼望着我，有时竟会"哇"地一下哭出声来，弄得我不知所措。姐在一旁笑着说：你不光要跟他说话，更要说些表扬他的话，他才高兴呢。我半信半疑，才半岁的婴儿竟能听得懂表扬的话并为此而高兴？我试探性地学着姐姐的样子用不太娴熟的语气一边逗他一边表扬他，果然，小侄儿好像听得懂似的咧开嘴开心地笑出声来。我很是诧异，一个半岁的婴儿真能听懂表扬的话吗？

对此，美国科学家做了几年的跟踪研究，结果发现人们在说表扬和积极性的话语时眉眼和嘴角都是上扬的，看上去温和而友好；但在说批评和消极性的话时，眉眼和嘴角却是下垂的表情忧愁且烦闷。其实婴儿是感知不到批评与表扬的，但是他能观察大人说话的样子并确定其语气从而做出或哭或者笑的反应。

能使一个婴儿破涕为笑，这便是赞美的力量。其实，赞美的力量远不止如此。

古希腊神话中记载了这样一个故事：塞浦路斯的国王皮格马利翁非常喜欢雕塑。一次，他用一块象牙精心雕了一个美女像，给她取名为"盖拉蒂"。这尊雕塑实在太完美了，皮格马利翁逐渐爱上了自己的作品。他每天对着雕塑倾诉绵绵情话，赞美她的美貌，真诚地希望她能够幻化为人形，成为自己美丽的妻子。一天，皮格马利翁的痴心最终感动了女神，雕像化作一位楚楚动人的美女，笑吟吟地朝他走来。皮格马利翁的期望终于成真，迎娶了眼前这位让自己朝思暮想的女子。

这种有意识的赞美被称为"皮格马利翁效应"，并被广泛运用于家庭教育中。

众人熟知的励志学大师卡耐基在很小的时候就失去了母亲。缺乏母亲的管束，他像放纵的野马一般，特别调皮捣蛋。九岁那年，他有了一位继母。继母刚进家门的那天，父亲指着卡耐基对她说道："他可是全镇最坏的孩子，你以后可得提防着点儿。"继母走到卡耐基面前，温柔地摸着他的头，说道："他怎么会是坏孩子呢，我看他应该是全镇最快乐、最聪明的孩子。"这样一句简朴的话，不仅让他消除了对继母的抵触情绪，而且还成为激励他的动力。多年以后，卡耐基成为家喻户晓的成功学大师。在家庭教育中，最残酷的伤害莫过于对孩子自尊心和自信心的伤害，最明智的举动莫过于用鼓励与赞美给孩子支撑起人生信念的风帆，帮助他们步入成功的殿堂。

皮格马利翁效应同样也被应用于现代企业管理中。通用电气前任CEO杰克·韦尔奇和美国钢铁公司总裁查尔斯·史考伯都是这个效应的实践者。韦尔奇认为，团队管理的最佳途径是致力于激励员工完成自己的构想，并说道，"给人以自信是到目前为止我所能做的最重要的事情"；史考伯曾说道："我认为，我那能够使员工鼓舞起来的能力，是我所拥有的最大资产。而使一个人发挥最大能力的方法，是赞赏和鼓励。"在日常管理实务中，他们善于激励和赞赏自己的员工，创造出一片蔚为壮观的商海翰林，相继成为各自领域中的翘楚巨子。

赞美对温暖人类的灵魂而言，就像阳光一样，透过厚重的云层与阴霾铺洒在心间，绽放出绮丽夺目的光华。

张弛要有度

我有位同事，是家里的独生子，从小被娇生惯养，凡事都以自我为中心。在办公室，他从来不会给同事帮忙，反倒常常吆三喝四地让同事们为他服务。进公司已有一年，他从来不去饮水机旁倒水，自己杯子里的水喝完了，非要等别人去续水时，他递上水杯，让别人给他倒点儿。

有一次聚餐，他抢着点菜，点的大多都是他自己爱吃的，全然不顾其他人的感受。他喜欢吃生蒜、麻辣，结果桌上十几盘菜里全有蒜和辣椒。我们几位男同事还能勉强接受，可有位女同事肠胃不好，不敢吃辣的，她拿着筷子不知所措地满桌转悠。最后，经理不得不让服务生加了两盘清炒蔬菜，那位女同事这才吃到了一点儿饭菜。而他，似乎并没有意识到自己的不妥，从开席到收桌，一直埋头海吃海喝。

相处久了，这样的事情经常发生。刚开始大家还能容忍，可渐渐地就不爱搭理他了。每逢出游聚会，同事们很不情愿与他一起，他就一个人独来独往。

还有一位同事，是个标准的老实人，在公司里负责杂务，干些打印资料、送文件的活儿。一次，他拿着一份文件急匆匆地跑向老总办公室签字，可走到门口时却停住了。坐在门边的我一脸疑惑："怎么不敲门啊？"他轻轻地指了指玻璃墙，小心翼翼地说："老总正在打电话呢，我怎能打扰！"后来，老总电话打了将近半个小时，他来来回回地在门边蹀着步子，一直等到老总挂了电话才敲门进去签字。

有一个周末，大伙去爬山。临近中午，一位同事说要请大家吃饭，我们都欣然答应，一起向饭庄走去，可唯独他推三阻四地，就是不肯去。我问他："为什么不去呀？"他一本正经地说："吃人家的嘴软，我今天无故吃了他的饭，以后事事都会被牵制。"当时那位同事就站在旁边，脸色白一阵红一阵，好不尴尬。

最后，在大家的拉扯下，他勉勉强强地跟着去了。令大伙没想到的是，吃完饭他竟然硬塞了50元钱给请客的同事。为这个，他们至今还僵着呢。同事们都说，他为人处世小心过了头，活得太累、太死板。

我的这两个同事，前者只会顾念自己，从不为他人着想，最后落得孤家寡人一个；后者过分谨慎，太顾念别人，结果辜负了同事间的感情，而且错失许多宝贵的机会。

其实在职场中，我们应该多替他人着想些，多为别人服务。相应的，当其他人也给你真诚的帮助时，你切莫过分地故作礼让，应该大大方方地接受。只有做到这些，你才能与同事融洽相处。生活中，为人处世亦是如此，一定要顾念有度。

影响别人，自己受益

　　每个人都有影响力，你的影响力有多大？其实某些时候自己都不觉得，但潜移默化地，你会默默渗透到别人的生活中。曾经有那么一段时间，我工作非常有激情。我有一大学同窗好友，在银行工作，很能干，但她业余是个文青，大学时代曾在校报舞文弄墨。于是，空闲一起喝茶聊天时，我跟她聊起一些组稿过程中遇到的有趣的人和事以及相关的生活方式，我聊得两眼发光，她听得兴趣盎然。后来的情况太意外了，也许是一种潜在影响力，酝酿已久，她居然因为一个机会从银行辞职南下广州，去了一家全新的媒体，操起了文字业，开始实现自己的一些梦想，她干得风生水起，再后来又因为家庭原因移回武汉某媒体，干得也相当不错。现在，她早已跨越了一大步，去了新加坡，然后准备移民澳大利亚，一步步在改变自己的生活。我不敢说我有多大的影响力，实在是人的造化连自己都想不到，人生无数个偶然成就了必然。我想起了曾看到的一句话：人不是因为看到了才会相信，而是相信了才会看得到，想法决定行动。

　　我也一直忘不了对我产生过影响力的一些人。曾经在深圳出差时，我遇到了一个非常有意思的女人，她跟我聊起她旅行时住过的客栈，聊起在云南某地看到一个老人手上拿着一只饼，晒着太阳靠着墙脚睡过去，然后醒来接着吃饼……聊起自己在深大当客座教授时毫无章法，只讲自己旅途时遇到的经历，用经历去感染人，课堂座无虚席……她当时的言语和表情就深深感染了我，让我看到人生的另一种活法，从此我开始踏上了旅途，一路慢慢走，阅尽无数风景，想法也在慢慢改变，人生变得更开阔积极。

　　还有一位友人，对美食的描述出神入化，能够把一碗鸡汁面描述得淋漓尽致；能拎着一瓶酒、一个小菜去自己所在城市的酒店，坐在地毯上喝一下午的小酒，透过高层的落地玻璃看自己熟悉的城市，这只是为了变换一下被杂事占得太满的心情，换一种思路去考虑问题……她能把豆芽炖出骨汤味，真正是聪明清灵到极点。她对我的影响力很多年一直存在，我更加热爱生活，更懂得为自己的人生找出口，更懂得如何在烦躁的世事中不从众，不躲避，只是在心中修篱种菊，坚持一条属于自己的路。

有一位友人，被我称作"氧气女友"。她从来不知道什么叫着急，什么叫焦虑，从来都是够了，不需要那么多，她是人大的高才生，却选择了当全职太太。她很安心，从来不知道什么抓心就要抓胃之类的驯夫术，她很放松，心无旁骛，天又塌不下来，那么急干吗？一个女人，从来都不是你敢做什么，而是你敢不做什么吗？她是我见过的最敢放弃的人。一看到她，我就觉得的确没什么好焦虑的。她的签名档经常变化，非常灵动：有时是"孩子，月子，日子"；"贤妻，良母，远离江湖"；"出来混，总是要变胖的"……每次我都忍不住哈哈大笑。真正大聪明的人，才知道如何放下。她被别人问到在哪儿工作时，相当坦然：家里蹲大学了。别人说什么，跟她何干？她不是为别人在生活。

当然，还有一个，虽然多年来一直很少见面，但是我一直默默关注的朋友。她真是把美好使用到了极致。某些时候，她给我带来了审美方面的巨大影响力，她能把一件白衬衣穿得出神入化，能够把黑灰色的简洁空间演绎到丰富到位，她设计的简·爱系列衣服，有一款名为"干草小径"，是用骑士风格来纪念简·爱与罗切斯特先生的邂逅，因为，在那一刻她将他的马惊吓到了……她懂得美，品位相当了得。女人的品位太重要，一个女人，懂得用最精简的方式来为自己加分，懂得经典持久是什么，某些时候，旁人也是为她的精彩鼓掌的。

现在，我常常想，我能产生什么影响力吗？是否正面？是否让朋友们受益？很多时候，你在影响别人时，受益最大的其实是自己。

用时间去长成一棵楠木

在我家乡的一些山林里，生长着一种珍贵的树，名叫楠木。一年四季，郁郁葱葱，苍翠欲滴，其树干高大通直，树冠形若一把大伞，树叶浓密茂盛，看起来十分美丽。记得小时候，有一次，父亲带我来到后山，指着其中一棵楠木对我说："你别小看这棵树，虽然它算不上什么参天大树，但却有上百年的历史，价值相当昂贵，足以换一座房子。"

"就这么一棵不起眼的树，能值这么多钱？"我有些难以置信地问。

父亲回答道："看一样东西有没有价值，不能光看表面，得看实质，就拿楠木树来说吧，它的外观跟其他的树没有多大区别，但它的质地却比其他树不知要好多少倍。其他树三五年或十来年就能够长大，而楠木树的生长速度十分缓慢，通常要百年左右才能长成栋梁之材。不过，尽管它成材晚了些，但由于它充分吸收了阳光、雨露，历经了无数次风吹、雨打、雷劈，色泽变得淡雅匀称，木质变得坚硬厚实，用它做家具，不仅伸缩变形小，不腐不蛀，而且还有淡淡的幽香。所以一直以来，楠木都被认为是一种高档的木材，常常被皇家用于修建藏书楼，金漆宝座，室内装修等。"

父亲还说："做人就应该像楠木那样，不好高骛远，不急功近利，不追求速成，懂得循序渐进，一点一点地成长和壮大，那样才会更有价值。"

在我的家乡，还生长着一种树，名叫泡桐，几乎家家户户的庭前院后都种有几棵。泡桐树在全国的分布十分广泛，生长速度也非常惊人，一般三五年就能长成一棵大树。不过，由于它的生长速度过快，所以质地一般都比较差，而且枝干弯曲短小，多疤结。用它修建房屋，不如桉树和柏树；用它做家具，不如杉树和杨树，更不要说楠木了。因此在我的家乡，人们通常都把泡桐树砍了当柴烧。

正所谓，冰冻三尺，非一日之寒。滴水穿石，非一日之功。从楠木树的身上，我明白了一个道理，成材是需要时间积累的，生长的时间越慢，木材的质地越好，也越珍贵。从泡桐树的身上，我知道了，速成的东西，往往价值有限。

曾经有一位失意青年去拜访绘画大师门采儿，他问："为什么我画一幅画只要一天时间，而卖一幅画却要整整一年时间。"门采儿微笑着对年轻人说："你不妨把时间倒过来，用一年的时间去画一幅画，兴许你一天就能卖掉它。"一个人想要在短时间内成功，那几乎不太可能，即便能做到，也不过如昙花一现，难以持久。细水长流，积蓄汇聚，方能掀起惊天巨浪。因此，在成长的路上，我们不要害怕寂寞，也不要害怕等待，因为成功需要时间积累，需要不断地努力和奋斗。

每当我站在人生的十字路口，总会想起家乡的楠木树和父亲那段意味深长的话。

有些事可以不做

其实人可以选择不做一些事。在某种意义上来说，不做更绿色更环保——

不赶时髦去学车

新一轮的学车高潮，所有的人见面都问拿驾照了吗？可是，何敏没有拿，虽然她有经济实力，买得起车也开得起车，但她对机器不感兴趣。身边所有的人见面都说那还不赶紧去学。她慢悠悠地说：一辈子不开车也没什么，还落得轻松，从经济学和环保上说，打车的成本和精力消耗会低得多。何况我本身不感兴趣，为什么要凑热闹？

步行，她可以看看天，看看云，听听鸟鸣，顺路买些街头巷尾的小点心，有时还心血来潮骑自行车走街串巷，发现一些被人忽略的市井生活，同小铺子的店主聊聊天，特别惬意。

何敏的价值观一句话：并不是别人做某件事时，你就一定得去做，反其道而行之，获得更多。

让房子跟着人走

刘明的观点是为什么都得买房子呢？

刚结婚时，他在他和妻子单位之间一个环境非常不错的小区租了一套小公寓房，宽阔的阳台对着中心草坪，夫妻两人都是步行上班，特别方便和舒心；刚生孩子那会儿时，他又把房子租到了妻子单位附近带院子的两室一厅，那个小院子可以方便老人进进出出、洗洗晒晒；几年后他又把房子租到了孩子学校附近，孩子可以结伴上学，又有玩伴，他们也省却了接送孩子之苦。他算了一下成本，完全按自己想法租理想住房和买套房相比，简直是九牛一毛，房子的作用却完全发挥出来了。他们获得了最高质量的生活。

刘明的价值观一句话：别人在做什么时，你可以选择不做，你可以按自己的方式去做，这是一件简单的事。

别人炒股我读书

股市疯涨的那段，海芹周围的人都在炒股，海芹对股票不感兴趣，就没去跟风，但她周围一些原来根本不炒股的朋友却没顶住诱惑，在人人都赚钱的高峰点扎进股海，很长时间翻不了身，烦恼不堪。海芹感叹，以投机的心理做事，人就显得特累。真正赚钱的都是对这方面有专门研究的人，如果没兴趣，又何苦多花精力？悠闲地读一本好书，看一部好的影碟，泡一壶茶，做点喜欢和擅长的事，这样的心情是多少钱也买不来的。后来，她写了篇文章，《别人炒股我读书》，没想到赢得了很多响应。

海芹的价值观一句话：只做自己喜欢或擅长的事，不擅长的事就不要盲目去凑热闹了；当你跟在别人后面走路时，自己的特点就会慢慢丢失，这是得不偿失的。

十五年不跳槽

这么多年，很多人跳槽换工作，友文却一直在原来的单位待着。从一个小小的出纳员干到会计再到成本组组长再到财务负责人，一步一步，对会计的全套工作了如指掌，业务可以说是一流。在一些公司的社务性交往中，她的沉着和熟练赢得了别人的好感，很多外资公司相邀，她却都拒绝了：我这样已很好了，工作熟练也轻松，应付自如。

友文平静而从容地生活着，不折腾，也不攀比。她的房子我去过，比很多人的都有生活气息，老式房子，阳光好通风好，前后都有阳台，她的家里栽满了花花草草，幸福得不得了。对她来说，这样的生活是安宁幸福的。老同学聚会，她被班上的男生评为十年后最美的女人。

友文的价值观一句话：一个女人的时间和钱花在什么地方是可以看出来的；你如果跟在别人后面，会累死的；她有阿玛尼，你是否可以拥有一双平静从容的眼睛？相信我，30岁以后见分晓。

别浪费时间在无用功上

有一位要好的女友，最近和交往多年的男友分了手。本来是被众人看好的一对，如今还没修成正果，便已劳燕分飞。问及原因，女友生气地说道，让他每天打一个电话都做不到，还说他有多爱我，这样的男人要来干什么？

此语一出，众人纷纷傻眼。据我所知，那个男人本来天天给女友打电话，不过女友工作忙，每次接到电话，总觉得烦人！可如今，真顺了女友的心，却逆了她的意。照女友的话说，男友每天打电话报到，这是女人们的特权。这样一种待遇，女人可以嫌烦，可以不喜欢，但对方却绝对不能取消，否则便是大逆不道。

无独有偶，另一位闺蜜的遭遇也颇为相似。闺蜜本来有一个要好的男友，俩人如胶似漆，羡煞旁人。那男的一肚子浪漫心思，每天都要送闺蜜一朵玫瑰花。可偏偏闺蜜是个低调的人，不喜欢引人注目，每次收到花，转身回到公司，总会悄悄扔进垃圾桶。

可没想到，俩人最后分手竟然是因为闺蜜的男友整整一个星期没有送花！对方只是那一阵子刚好太忙，没有时间订花。可在闺蜜眼中，尽管自己不喜欢花，但对方送不送，却是态度的问题。自己可以不喜欢，但对方若是有诚心，就必须一如既往地送花。

看多了类似的事件，心中往往百思不得其解。这样的女子，其实也未必是"作"，多半是因为原来有的东西，说没就没了，心理便不平衡。说简单点，哪怕自己不想要，可对方给不给，这是态度的问题。如此纠结于自己不想要的东西，将之上纲上线，争吵自然难免。久而久之，对方再火热的心，也就冷了一大截，分手也就在意料中了。

曾问过一个沉浸在幸福中的小女子，常葆爱情甜蜜的秘诀是什么。回答是，将眼界放宽，别理会那些无用的东西。把眼光盯在大是大非的原则问题上，至于其他可有可无的小问题，既然对彼此没有影响，又何必浪费时间在无用功上？

　　幸福，就这么简单。可对于很多人来说，却不能接受自己不在乎的东西遭到修改或删除。本来无所谓，可一旦遭到改动，便摆出一副坚决捍卫的架势。也正是这种习惯，把自己将到手的幸福拱手让人，也将自己逼进了本不该出现的困境。

　　聪明的人生，只需要自己用得到的有用功。对于一个有智慧的人来说，实在不应将爱情的无用功作为评判一段感情的标准。

不妨看轻自己

年长的人总是忘不了给那些踌躇满志的年轻人忠告：在人生的路上，要多把自己看轻些。这忠告，包含着几缕沧桑，但更多的是对生活的一种超越。

诗人鲁藜写道："老是把自己当珍珠，就时常有怕被埋没的痛苦。还是把自己当作泥土吧！让众人把你踩成路。"

看轻自己是一种人生哲学，看轻自己才能"飞"起来。有一个寓言说得非常形象，人问天使："为什么你能飞，而我们却飞不起来呢？"

天使笑而不答。

上帝笑了笑，对人说："人啊，你对世界的贡献有多少？你的价值又是多少呢？"

人回答："世界是我创造的，我是世界的主宰，世界为我而生，我为世间万物之灵。"

上帝又问天使："天使，你呢？"

天使说："我什么都不是，我也没有多少贡献。至于我的价值，还是留给别人去说吧。"

上帝说："这就是答案，你明白了吗？"

人回答说："我还是有些不明白。"

上帝说："天使之所以能飞，是因为他把自己看得很轻，轻得像鹅毛，于是就能飞起来；你不会飞，是因为你把自己凌驾于万物之上，背负的东西太多了，就失去了飞翔的本领。"

在现实生活中，有些人习惯以自我为中心，以自己为主角，总把自己看得太重，而偏偏又把别人看得太轻。为此，总以为自己很了不起，以为自己博学多才，满腹经纶，一心想干大事，创大业；总以为别人这也不行，那也不行，唯独自己最行；总以为自己成绩最大，功劳最多，记功评奖、加薪晋级不在话下。否则，就不高兴，牢骚满腹，怪话连篇。自认为怀才不遇的人，往往看不到别人的优秀；愤世嫉俗的人，往往看不到世界的精彩。把自己看得太重的人，心理容易失去平衡，个性往往脆弱，实际表现为独断、骄横、傲慢、盛气凌人、与社会格格不入……这种人，外界不仅不会接受，反而会遭到嘲笑和孤立，使你变得停滞不前。

看轻自己是一种智慧。为人处世，盲目自信就会把自己置于一种不利的位置。越是看轻自己，越易被人看重。你真诚的谦卑，将使大家折服，他们乐意在你周围歌唱；你力所不及的柔弱，会为大家所同情，他们愿意倾其所有，助你强盛。看轻你自己，才能轻装上阵，没有任何负担地踏上漫漫征程，你的人生路途才能获得更多帮助和教益。

看轻自己是一种风度，一种境界，一种修养。其实，把自己看轻，这是光明磊落的心灵折射，是无私无畏的自然反映，是正直坦诚的自由流露。看轻自己的人总是很知足，对获得的成功珍惜有加。一个人富有了，仍然不忘看轻自己，他将不会自傲和奢侈；一个人身居高位，仍然看轻自己，他将不会专横和贪婪。当你从困惑中走出来时，就会发现，看轻自己，其实是一种多么难得的境界：超凡脱俗，淡泊平和。

看轻自己是人生的一种高品位的精神享受。看轻自己是对人的真实本性和历史真正趋向的理解和把握，是对人性和历史的继承和超越。看轻自己，能够成就人的操守，闪烁灵魂的美丽。只有看轻自己，并不断否定自己的人，才能够不断汲取教训、加强修炼、净化灵魂、提升品质，才会为别人的成功而欣喜，为自己的善解人意而高兴。

把自己看轻，并不是自卑，也不是怯弱，而是清醒中的一种经营。也不是鄙视自己，压抑自己，埋怨自己，也不要你去说违心话，做违心事。相反，看轻自己能使你更加清醒地认识自己。

为人处世，不妨看轻自己，生活中就会多几分快乐。在家庭中，不妨看轻自己，不要把自己当成"一言九鼎"的家长，才能更好地与孩子沟通，与爱人和谐相处。在事业上，即使春风得意，大权在握，也不妨看轻自己，不要把自己当成众人之上的"楚霸王"。这样，才能结交更多志同道合的盟友，听取更多的有益于事业发展的意见，让自己脚踏实地去拓展事业，创造辉煌。在朋友圈子里，不妨看轻自己，才能结识到推心置腹的哥们儿，让自己时刻头脑清醒，让自己永远是一个受欢迎的朋友。把自己看轻，才能获得智慧与快乐，飞越坎坎坷坷，拥有和谐的人生！

锄掉灵魂的荒草

在城市待久了，我们的思想会长出各色杂草。那么，到乡村去，去锄耰自己荒芜的灵魂。锄去麻木的枝，耰去浮躁的蔓，尤其要将那狭隘功利的株棵连根刨去。

到乡村去，我们就是欲借助乡村这把好锄。朴实是它的底色，简捷是它的设计，平淡是它的样式。它以河湖沟涧磨砺自己，以砖石瓦砾韧实自己，以粉墙黛瓦装饰自己，以季节风俗丰赡自己。

春天，我们走出被烟雾笼罩着的居所，告别那些总想左右我们命运的东西，打着草绿色的手势，直奔乡村。

桃红柳绿，田野兴旺。我们可以驻足于庭院里，徘徊于竹篱下，游走于水塘边，流连于山谷间。禽虫的平平仄仄的歌吟，让我们的心灵打上了大地的韵脚；春雨的纷纷扬扬飘舞，让我们的灵魂挥洒出了村庄大美无言的诠释；轻盈飞翔、沾着晨曦晚霞的燕子，在我们的胸臆间镀上了一袭灵动的光辉。于是，我们便真切地感受到，我们灵魂中那莠杂、陋俗、呆板的草芽会少了许多。

夏天，我们走出喧嚣蒸腾的里巷，告别那些总想让自己欲望膨胀的东西，行走成一种踏实的姿势，来到乡村。

瓜果飘香，稼禾饱满。金灿灿的大地，让我们低下了静静思索的头颅，宛然就有了哲学家一样思辨的头脑；劬劳者的躬耕，让我们用坚实的手势在心灵间勾勒出生命的风光；收获者的采摘，让我们用灿烂的笑容渲染出心底洋溢着的那份真诚。于是，我们便能睿智地领悟到，我们灵魂中那颓灰、轻浮、虚妄的杂草去了不少。

秋日，我们走出了阴沉滞重的街道，告别那总想将自己置于庸下低迷境地的东西，行走成一种昂扬的气势，奔赴乡村。

树木挺拔，山川苍劲。秋水澄澈，大雁南飞，让我们平添一种清明而高远的志向；由禾稼草木一岁一枯荣的轮回，想到了春花的灿烂繁华，夏雨的热烈奔放，秋叶的疏落静美，让我们体会到了生命无一不是一种淡远的境界。于是，我们会落拓地感悟到，我们灵魂中的觊觎、动荡、恍惚的杂草去了不少。

冬季，我们走出车声辚辚的市区，走出那总想让自己处于一种汽油味、水泥味，看起来"死硬"实际上却绵绵沓沓的氛围，行走成一种高雅的姿势，来到乡村。

雪花飘飞，村庄祥瑞。风中的林木如同古代的碑帖，筋骨分明，遒劲有力，让我们明白了什么才叫风骨与仪范。"瑶台雪花数千点，片片吹落春风香"，让我们知晓了何以才是沾腻不去的芬芳；一抹抹炊烟自庄廓袅娜升起，黑白缠绕，相互辉映，吸纳天地之精气，一声声鸡鸣狗吠划破天地的岑寂，宛然一曲颂歌，让村庄的恩典穿过林梢，丝丝缕缕萦绕着人的心灵，使我们懂得了什么才叫知性、旷达、感恩。于是，我们灵魂中的逼仄、功利几乎全没了。

《摩微经》中云："欲净其土，当净其心；随其心净，则国土净。"城市中的你，当你心中杂草蔓生，乡村就是一把最好的锄，只要你能真诚而勤勉地握住它的柄，让它在你人生的四季适时地梳理，那些让你不胜烦恼的生命"芜杂"会随着锄刃的"嚓嚓"声应声倒去，在乡村那明丽的阳光下委顿。你的心愿也就成了一片四季飘香的净土……

带着微笑赴宴

　　朋友欣悦是个受欢迎的女子，大家聚会的时候，都喜欢邀请她参加。其实，欣悦既不会喝酒，也不会唱歌，更不会聊八卦。她的独特在于每次赴宴，大家都可以从她那里听到令人心情愉悦的好消息。

　　起初，大家并未认识到欣悦的可爱，直到有一次朋友小聚，大家都在抱怨，这个说老公不体贴，把自己折磨成了黄脸婆；那个说孩子不听话，学习成绩老是上不去，揪心；还有人说单位又换了新领导，压力大……整个聚会好像变成了忆苦控诉会，气氛很压抑。欣悦微笑着不紧不慢地说："这个周末国贸有活动，打折力度很大啊，我已经看好了要买的衣服，只等周六直奔而去，你们要不要去看看？"逛商场是女人们最感兴趣的话题，大家立刻转移了话题，商量着要趁打折去买点什么。小小包间，因为欣悦的一句话，顿时多了些生活的温暖和温情。

　　说起来，欣悦真是一个善于营造好气氛的女子，很多时候，一件根本不起眼的事情，被她绘声绘色地讲出来，就成了大家爱听的好消息。

　　那天，朋友聚会，欣悦一到场就开心地说："今天太高兴了。"大家连忙问有什么好事情。她得意地说："我今天上午在一个朋友那里学到了正宗糖醋排骨的做法，中午尝试着做了一下，哈，我真有天赋，一斤半排骨，被我家小子吃得精光，他爹虎口夺食，抢了两块，而我，是一块都没抢到，我家小子要求明天再做。"受欣悦情绪感染，大家都开心地笑了，有人赶忙学习正宗糖醋排骨的做法，说也要回家去试试。那次聚会，几乎成了糖醋排骨培训会。

　　丽过生日，几个同事一起吃饭。饭桌上，欣悦告诉大家："校园里的桂花树开花了，建议大家忙碌的时候，不妨停下来，做个深呼吸，真是沁人心脾啊，呼吸到的都是桂花香。"看着欣悦沉醉的样子，我们才想起来，校园里的确是种着很多桂花树的，按季节，应该都开花了。春天的时候，也是欣悦告诉我们学校的樱花都开了。她还会告诉我们又发现了一家好吃的小店，或者是装修有特色的地方……

很多时候，欣悦带给大家的，其实只是一种情绪，一种在平常日子里善于发现美好生活的态度。因为每天来去匆匆，我们忽略了身边太多美好的东西。而她，用自己一颗细腻的心，不断地发现生活中让人兴奋的细小点滴，并把它带给身边的每一个人。

一天中午，和欣悦一起吃饭，她很神秘地对我说："我跟你说啊，我的眼睛不近视了。"咦，真是奇怪啊，从高中就戴眼镜的她，居然不近视了，我问："用了什么招？我也去试试。"欣悦一脸坏笑地说："无招胜有招，我什么都没用，但就是不近视了，因为，我开始老花了，哈哈。"你看，在别的女人看来很可怕的事情，到了欣悦那里，也成了乐事，有她在，你想不开心都不行。

发现每一个人的光华

苏格兰一家街头报纸刊登了一篇人物专访，24岁的法国人雅克·伊夫曾是个街头流浪汉，他参加了第九届流浪者世界杯足球赛后，重返家庭，他一边工作，一边接受成人教育，并收获了一份美好的爱情。

8年前，16岁的少年雅克·伊夫正处于青春叛逆期，打架、吸毒，让父母伤透了心。一天，与父母发生冲突后，他负气离家出走，开始了四处流浪的生活，白天，他在街上乞讨，晚上则露宿桥洞下。

一天，雅克·伊夫漫无目的地走着，经过一个学校旁边时，他不由停下了脚步。学校的操场上，正进行着一场足球比赛，激烈的比赛深深吸引了雅克·伊夫，他的脸上写满羡慕。曾经，他也酷爱足球，课后，他常与同学奔跑在球场上。此后，他经常来到这儿，如痴如醉地观看球赛。学校的老师吉尔注意到了雅克·伊夫，了解到他的情况后，吉尔把一张字条交给他，说道："你去找皮埃尔先生，或许他能帮你圆一个足球的梦想。"

雅克·伊夫按字条上的地址找到了皮埃尔。皮埃尔是个足球教练，正在为流浪者世界杯足球赛挑选队员。流浪者世界杯足球赛的参赛队员全部由流浪者组成，自2003年举办第一届以来，每年举行一次，受到公众的广泛关注及全世界流浪者的热爱。

经过层层严格筛选，雅克·伊夫终于幸运地被选入球队，将代表法国参加第九届流浪者世界杯足球赛。多年的流浪生活，让雅克·伊夫倍加珍惜这来之不易的机会，他没想到，身为流浪汉的自己居然可以代表自己的祖国参赛，使命感及荣誉感油然而生。更为重要的是，自己在足球方面的天赋得到人们的认可，这让他的自信与自尊陡然倍增。每天，雅克·伊夫在球场上忘我地训练着，风在耳边呼呼吹过，他仿佛又看到8年前的自己，那个16岁的少年，在球场上欢快地奔跑，脸上洋溢着阳光般温暖自信的笑容。

在球场上，皮埃尔教练是个严师，而在球场外，则像个慈父，他常与队员们谈心，了解他们过往的点点滴滴，鼓励他们开始崭新的生活。雅克·伊夫把几年来的痛苦绝望及对父母的愧疚全部倾诉给皮埃尔听，皮埃尔轻拍他的肩膀，安慰道："努力吧，让大家看到一个全新的你。"

比赛那天，雅克·伊夫惊喜地看到，在观众席上，有人打出这样一条横幅："儿子——雅克·伊夫，你是最棒的！"父亲与母亲正站在那里为他呐喊助威，他们比8年前憔悴、苍老了许多。雅克·伊夫的眼睛湿润了，每个流浪者的心中，都有一个温暖的家，那个家，是他们不敢去触碰的柔软。他向父母挥了挥手，信心百倍地跑入赛场。

这次参赛，彻底改变了雅克·伊夫的人生，之前，他觉得自己生活在社会最低层，如一棵卑微的草，被社会彻底遗弃了，而通过参赛，他不仅重新感觉到了来自亲人的温暖，而且开阔了眼界，得到了教练及队友们的友谊，获得了人们的尊重，并看到了自己的价值，从而重新扬起生命的风帆。

梅尔·杨在办公室浏览着这期报纸，欣慰地笑了。当初他创办流浪者世界杯足球比赛，就是希望用足球来激发流浪者积极向上的精神，并唤起人们对这些身处社会边缘的人群的关注。几年来，已有70多个国家和地区的10万流浪者参与了这一活动，70%以上的参与者像雅克·伊夫一样，人生从此走入山清水秀的境地。

有人问梅尔·杨："你们是如何挖掘那些流浪者的潜能的？"梅尔·杨眨了眨眼睛，回答道："凭借一双特别的眼睛。在3D显微镜下，所有的沙粒都有着宝石一样的颜色、形状和纹理，它们或晶莹剔透，或圆润璀璨。世界上本不该有无家可归者，每个流浪者都是散落在城市的沙粒，我们要做的，就是用一双像3D显微镜一般的眼睛去关注他们，如此，才能发现他们身上那些绚烂的光华。"

打破常规的陷阱

　　所谓常规，是沿袭下来被人们认同的规律，是通常的分析和解决问题的方法，是长期实践验证了的经验结晶。但是，即使是常规，也不可能没有局限性，有的时候，墨守成规，倒成了束缚思想和行为的陷阱；大胆地打破常规，往往会得到海阔天空的新鲜感觉。

思维定式束缚手脚

　　在现实中，很多人在难题面前不知道是绕开常规的陷阱，主要原因是受定势思维的影响，被惯性思维束缚住了。应该多学点辩证法，多一点创新精神，多角度思考，换视点分析，与时俱进，方有利于绕过常规陷阱，创造出更多的奇迹来。

　　有一天，康熙皇帝正在花园散步。来到一座池塘旁，他忽然心血来潮，问身边大臣："这池塘里一共盛有多少桶水？"众臣面面相觑，不知如何作答。康熙说："给你们三天考虑，回答上来重赏，回答不上来重罚。"三天过后，大臣们一筹莫展。一个小孩走来，声称知道池塘里盛有多少桶水。康熙让他回答。小孩眨了眨眼，从容不迫地答道："这要看是怎样的桶。如果桶和池塘一般大，那池塘里就是一桶水，如果桶只有池塘一半大，那池塘里就有两桶水，如果桶只有池塘1/3大，那池塘就有三桶水……"康熙重重地奖赏了那孩子。

　　大臣们为什么回答不上来呢？那是因为他们陷入了常规的陷阱，让池塘的大小把思维给捆住了。而那个小孩则撇开了池塘的大小，从桶的角度去思考问题，所以问题就迎刃而解了。

打破常规海阔天空

某商店积压了大批手表。为了促销，老板想出一招：凡购买一块60元手表者，特赠背心一件。几天过去了，手表仍无人问津。老板苦恼得很。上学的儿子得知后，跟老爸说："这好办，瞧我的！"他走到外面的牌子前，"噌噌"几笔——好家伙，还未等老爸醒过神来，顾客已是里三层外三层排起队来。时间不长，手表卖光了。原来儿子把他写的话只稍微调换了个位置，变成了"凡购买60元一件背心者，特赠手表一块！"可见换一个角度，绕开常规的陷阱，会产生多大的效能！

以退为进取得胜利

在一次欧洲男篮锦标赛的半决赛上，保加利亚队与捷克斯洛伐克队相遇了，这场旗鼓相当的比赛异常激烈。离比赛终场还差8秒钟时，保队以2分的优势领先，而且还握有底线开球权。可奇怪的是，赢了两分的保队教练却忧心忡忡，倒是输了两分的捷队教练胸有成竹。

这是为什么呢？原来，保队其他场次的小分不如捷队，这场比赛必须净胜捷队5分以上才能出线。问题是要在最后8秒钟的时间里打进一个三分球，实在太难了。

关键时刻，保队教练请求暂停，向自己的队员面授机宜。比赛继续进行后，球场上出现了众人意想不到的事情：只见两位保队队员从底线开球，将球带往中场，这时5名捷队队员突然全部退回自己的半场防守。在临近结束比赛的时刻，带球的保队队员突然一个大转身，将球投入自家的篮筐。与此同时，裁判员的哨也吹响了。

全场观众目瞪口呆，当裁判员宣布双方打成平局需要进行加时赛时，人们才恍然大悟。是保队这打破常规的出人意料之举，为自己创造了一次起死回生的机会。最后5分钟，保队士气高昂，全力拼搏，终于以6分的优势赢得了这场比赛，夺得了决赛权。直到这时，人们才如梦方醒，理解了保队教练的老练和精明——"将欲取之，必先予之"：送给对方2分，赢得5分钟的加时赛。

　　心理学家的研究结果表明，我们平时所使用的能力，只是本身所具能力的2%～5%。在一般情况下，按常规办事并不错，只是在某种特定的环境下，常规往往会变成陷阱。也就是说，当常规已经不适应变化了的新情况时，就应解放思想，打破常规，善于创新，取得出人意料的胜利。实际上，打破常规之路，便是走向智慧与成功之路。

做一个宽广的湖泊

印度佛教大师身边有一个整天喜欢发牢骚的弟子，一天，大师吩咐这个弟子去买些盐。待弟子回来后，大师让这个弟子抓一把盐放在一杯水中，并叫他喝了。大师问道："味道如何？"弟子咧着嘴说："苦！"大师又让他再抓一把盐放进附近的湖里，等弟子把盐倒进湖里后，大师又让这个弟子再尝尝湖水，弟子尝后，大师问道："现在味道如何？"弟子答道："很新鲜！"大师接着问道："你尝到咸味了吗？"弟子摇摇头："没有。"这时大师对弟子说："生命中的痛苦就像一把盐，不多，也不少，我们在生活中遇到的痛苦就这么多，但是，我们体验到的痛苦却取决于我们将它盛放在多大的容器中。"因此，当你处于痛苦的时候，应开阔你的胸怀，不要做一只"杯子"，而要做一个"湖泊"。

其实，生活中再多的痛苦，总会过去的，只是时间长短的问题，关键是要看你是否拥有大度的胸怀。戴维是位著名的英国化学家，正是他发现了年轻订书匠法拉第在化学研究上的潜能，并将其精心培育成才，才使得法拉第名声大振。但此后戴维却处处贬低法拉第，身为英国皇家学会的会长，戴维竟然极力反对法拉第加入皇家学会，而且是唯一一个投反对票的人。由赏识和培养人才，转而处处限制和妨碍人才，这种效应在心理学上被称作"戴维效应"。戴维的问题出在哪里？不在于他的科学知识和素养，而出在他的胸怀上，他没有一个宽容大度和兼容并蓄的胸怀，科学上他是大家，胸怀上他却是小肚鸡肠，导致他后半辈子总是生活在"痛苦"之中。

《菜根谭》一语中的："量宽禄厚、器小福薄。"就是说心胸宽广的人不会因为小事而影响自己的情绪，而心胸狭窄之人，常为一些小事斤斤计较并因此影响了其身心的健康发展。"志在泉林，胸怀廊庙"，心胸宽广者，立身高、志向远；心胸狭窄者，顾眼前、无大志。尽管前者在实现其志向的过程中会遇到挫折，造成暂时的心里不快，但每一次挫折的克服都是向远大目标的接近，都能体验到一种相对成功的喜悦，从而激励其更加努力。世上万物，原本就不会有绝对的益，也不会有绝对的害，不能舍弃别人都有的，便得不到别人都没有的，懂得生活的人失去的多，得到的更多。从古到今，凡是成功的人士，无不开放为怀、目光高远，得之坦然，失之淡然，因为他们深知这样一个道理：宽厚待人，容纳非议，乃事业成功之道，而长期爱抱怨的人，只会使自己的目标偏离前进的方向。英国伟大诗人弥尔顿最杰出的诗作是在他双目失明后完成的，德国的伟大音乐家贝多芬最杰出的乐章是在他丧失听力以后创作的，世界级小提琴家帕格尼尼也是个用苦难的琴弦把天才演奏到极致的奇人，这被称为世界文化史上三大怪杰的人，居然一个是瞎子，一个是聋子，一个是哑巴！他们之所以取得如此辉煌的成就，就是因为他们拥有一颗平常的心，不计较利害得失，他们坚信命运向来是公正的，有的得不是想得就能得到的，有的失不是想失就可失去的；有的得是不能得到的，有的失是不应失去的。谁得到了不应得到的，就会失去应该拥有的，你在这方面失去了，你就会在另一方面得到补偿。当得者得之，当失者失之，坦然面对得失。得之，不要大喜，不可贪得无厌；失之，切勿大悲，不可失去精神。其根本一条是自己能正确地看待得失，时常提醒自己，无论得到了什么，得到之后都有可能失去，让自己得到时懂得加倍珍惜，失去的时候也不至于无所适从，我们所能做、所应做的只是在"得到"时珍惜它。在生命的长河中，我们要清楚地知道什么是对自己最重要的，然后主动放弃那些可有可无、不触及生命意义的东西，求得生命中最有价值、最必需、最纯粹的本真，以让自己在失去什么的同时得到比失去更多的财富。因为生命的全部意义就在于：人，是不能什么都占为己有的，特别是不该得到不属于自己的东西，不懂得"放弃"终将自寻烦恼。

法国文学大师雨果有诗云："世界上最宽阔的是海洋，比海洋更宽阔的是天空，比天空更宽阔的是人的胸怀。"拥有宽阔胸怀的人，才能包容人世间所有的喜怒哀乐，酸甜苦辣，只有放开自己的胸怀，人活一世才会快乐。当你感觉命运对你不公的时候，当你慨叹世态炎凉的时候，当你对生活感觉不尽如人意的时候，当你在工作中感到烦恼不顺的时候，你就要不断地放开自己的胸怀。

在宽广的胸怀里，一切不快和痛苦都将显得那么微不足道；在宽广的胸怀里，一切烦恼也将迎刃而解；在宽广的胸怀里，你的心灵最终会不由自主地充满阳光而使你感觉到温馨。"临喜临怒见涵养，群行群止见品格；大事难事看担当，逆境顺境看襟怀。"拥有宽阔的胸怀，才能拥有快乐的人生！

制怒的人生

我读中学时，有一个语文老师，当了我们一年的班主任。老师姓江，很有才气，尤其擅长书法和治印。记得每次上语文早自习，老师就抄一首宋词在黑板上，让我们读。那简直就是一幅完美的书法作品。老师的字写得飘洒俊逸，尤其是遇到最后一笔是"捺"的汉字，老师会"捺"得很长很长，仿佛要把内心的洒脱和无羁淋漓尽致地通过那一"捺"表现出来。字如其人，老师的性格也非常洒脱开朗。我们班是文科班，班级纪律一直不好，调皮生很多，每次遇到学生违纪的时候，老师也是笑嘻嘻的，在班上指出问题，但似乎并不怎么惩罚学生。老师的一句话，我至今还记得很清楚，老师说："我不生气，生气伤肝。"老师说这话的时候，脸上堆着笑，脸颊上的肉因为笑而隆起，形成两座酡红的小丘，特别好看。

一年后，因为班级纪律紊乱，江老师不再担任我们的班主任，也不再给我们当语文老师。我们再也欣赏不到老师美妙的书法，还有老师脸上那两座酡红的美丽小丘。但老师的那句话，却深深印在我的心里，二十多年过去了，我还不忘。

大学毕业后，我也成了一名中学教师，而且到现在还是。但我没有继承老师洒脱的性格，有时在班上会发脾气，发完火后，坐下来细细一想，又觉得其实是可以避免的，但终于避免不了。于是我时时想起我中学时的那位语文老师，想起他时，我就觉得很羞愧。他当了我们一年的班主任，遇到过那么多调皮的学生，曾因班级管理不善受到过学校领导的多次批评，但他从来没有在班上发过一次脾气，没有一次因为受了领导的气而迁怒于我们这些学生。要知道，真是我们年少无知，那么调皮，才使得老师受了那么多委屈。记忆中的老师，永远是笑眯眯的样子，两座酡红的小丘，像两个小太阳挂在脸颊，温暖极了。

易怒是人生的弱点，用英文来表达是Humen Weakness。自己作为一个人类灵魂的工程师，却无法避免这一人性中的弱点，实在是感觉无地自容。好在人贵有自知之明。知道自己性格的弱点，就应该努力加以改正，努力向我高中时的班主任江老师学习，也努力向前人学习。

林则徐书房有一条幅写着"制怒"二字，他常用这二字来警诫自己。当琦善向英商屈膝求和，大英帝国飞扬跋扈之时，林则徐怒不可遏，但当他抬头见到这个条幅，顿时用顽强的意志制止了自己的愤怒。我们都熟悉林则徐的那副著名的对联："海纳百川，有容乃大；壁立千仞，无欲则刚。"制怒，关键就要"有容"，有涵养，能担当。当清政府迫于大英帝国的压力，将禁烟英雄林则徐贬到新疆伊犁地区，林则徐并不愤怒，也不颓丧，他高高兴兴到伊犁上任，在任上，他垦荒屯田，根治水患，加强民族团结，深得当地人的崇敬。他在当地改进并推广的"卡井"（坎儿井），至今还被当地人尊称为"林公井"，林则徐心怀坦荡，一切以国家民族利益为重，"苟利国家生死以，岂因祸福避趋之"，心怀豁达到这地步，还有什么能撩拨出他的熊熊怒火？

《红楼梦》中，薛宝钗以性情随和著称。第三十二回，写史湘云劝宝玉用点心思在仕途经济道路上，受到宝玉抢白。袭人在旁边说了一段话："上回也是宝姑娘也说过一回，他（指宝玉）也不管人脸上过不去，咳了一声，拿起脚来走了……幸而是宝姑娘，那要是林姑娘，不知又闹的怎么样，哭的怎么样呢。提起这些话来，宝姑娘叫人敬重，自己讪了一会儿子去了，只当他恼了。谁知过后还是照旧一样，真真有涵养，心地宽大的。"

袭人的话，道出了宝姑娘和林姑娘性情的差别。宝姑娘心地宽大，有涵养，遇事不怒，能忍，能迁就，所以在贾府上下赢得了好声誉、好口碑，最终成了宝二奶奶。虽无法避免悲剧，但那不是她的错。林姑娘心高气傲，动不动使小性儿，好动气，和晴雯一样，得罪了贾府很多人，一主一仆，死的时候，都是好不凄凉。

怒气伤人，也伤身。所以孔子说："君子有三戒……及其壮也，血气方刚，戒之在斗。"制怒，就是要戒斗，少与人争斗，凡事让三分，谦退隐忍，心怀宽大，像林则徐那样，像小说中的"宝姑娘"那样，我们的人生，一定是暖意融融。

制怒，说来容易做来难，那就行动吧。

第二辑
人生最好的境界

名利如此，权势也如此。
即使家庭父子、夫妻之间，
也要留一点缺陷，才会有美感。

人生也需负重

阳春三月的一天下了一场大雪，午时的太阳爬上了头顶，和煦的阳光洒在身上，暖融融的。我因有急事要去外地，便拦住一辆松花江微型车。

司机是个女的，40岁左右，身体微胖，留着一头短发。她告诉我，雪大路滑，有些大客车停运了，小车还可以跑。

车上只有我一个乘客。坐在车里，我向车外望去，山路弯弯，有的地段雪化得泥泞，还有的结了一层冰，光溜溜的，所以，车速很慢。我心里很急，时不时地看手表，实在忍不住问司机："能不能开快点儿啊，我有急事。"

"你看这山道，能开快吗？"女司机回答说。

我们的车行驶途中，遇到一个陡坡，司机开车没冲上去，停在了半腰上。这时，一辆枣红色的微型车从身后驶来，很轻松地爬上了山坡，很快从我们的视线中消失了。我困惑了，都是微型车，为什么那辆车能爬上去且开得快，我问司机。

司机说："你没有看见啊，人家车上装满了货，能压住车，所以不至于在雪地上打滑，才能既安全又快地前行，不怕山陡路滑。咱们这辆车只有你一位乘客，其重量微乎其微，车跑快了，不但发飘、打滑，还很危险，你愿意呀？"

女司机的一席话，使我顿悟。其实，人生又何尝不是如此呢？无论我们为人夫、为人父、为人妻、为人子，也无论我们有着怎样的奋斗目标，抑或是怀揣着多么美好的梦想，都是我们所负之重，需要我们勇敢地面对和顽强地担当，倘若我们肩上毫无压力，自以为一身轻松，逍遥自在，又何来动力可言？只能是心无目标，游戏人生，在看似平顺的境遇中埋下困厄的种子，到头来徒增遗憾，抑或是轻视大意，急于求成，一蹴而就，结果是事与愿违，欲速则不达，行不远矣！所以说，只有我们肩上所负的东西重，我们才能更小心去走，反而走得稳、走得快、走得远。诚如一位哲人说的那样："人生必须肩负重担，一步步慢慢地走，稳稳地走，总有一天，你会发现，自己是那走得最远的人。"

山林里的一根荆条

多年前，我从市内一所颇有名气的师范院校毕业。当时，因家里没有"人脉"，留城的名额被挤占，只好到一所偏远的山村小学去任教。离家路远，我选择了住校。

工作时间久了，愈发感觉到山村教师的俗气来：他们不会得体地修饰自己，一件漂亮的小西服居然配着运动裤一起穿；女教师们很"可爱"，年纪不分长幼，脸型不论圆扁，一律把头发烫成"时尚"的大波浪；男教师更是土得掉渣，脚上的旅游鞋都是冒牌货，还常常搭配一双丝袜出行……最让我不屑的是，这所小学里除我之外，竟然没有一个正宗的师范类毕业生！

面对这样的一群人，我终日有种贵脚踏贱地之感，高傲与孤独与日俱增。但也奇怪，山区的老师们骨子里似乎缺少了一根世俗的弦，他们照样和我走近，并一直孩子般地宠着我。他们会时常塞给我一些好吃的东西，无非是些乡下的土特产，诸如乌鸡蛋、松针蘑、黑木耳、山野菜等，偶尔还会送我一碗鲜嫩的炖鸭血……我常常会把这些物品转手送给打更的张大爷，因为有些东西我实在吃不惯。

或许是心情太过压抑的缘故，我的体质明显下降。一次，我终于病倒了，连着几天发烧不退，连着打了几针都不见好，终日精神恍惚。这可吓坏了单位里的领导和同事们，他们全员出动，轮班照顾我，几个阿姨级的老教师晚间也不离左右，给我端水、喂药、擦身、洗涮……我成了她们眼中的"小女孩"。听说用山里的一种野草药泡水喝可以退烧，几位男同事便利用双休日亲自到大山深处去找，然后晒干，研成碎末，留给我代茶饮。一位临退休的老教师居然在我的脖子上挂了一串桃符，说是可以驱邪……在众人的关爱下，我的病情日渐好转，一颗心也渐渐有了温度。

病愈后的我像换了一个人，把自己完全融入山里人的质朴中。我开始教女老师一些简单的着装常识，教她们化清秀的淡妆；我会利用大段的教研时间，主动给老师们上教学观摩课，并利用课余时间无偿地辅导孩子们朗读和写作；我还把自己随身带来的一部录音机和一箱子文学书籍捐给了学校……

从那时起，我不再把自己放得太遥远，而是把自己变成了山林中随处可见的一株荆条树，肆意地生长，适时地开花，弹性地生存。

后来，由于工作出色，我被破格调入市内的一所小学任教。而今，大城市光怪陆离的生活偶尔会闪了我的眼，但骨子里"本色做人"的坚守未曾改变。我知道，那是来自大山深处的质朴在心底里扎了根，带着这种质朴，我将朝着有阳光的方向一路前行……

适合的才是最好的

想不想住的房子宽敞明亮且能开窗观海？回答肯定是，想，做梦都想！但在房价高得让人咋舌的时候，许多人是不敢想的，顶多是看着这样的房子流流口水罢了。但同学老牛却拥有了一套这样的海景房。

这天，我们同学几个应邀给老牛温居，里里外外把房子参观了一遍，大饱了眼福。房子离海很近，足有180平方米，有3个大窗面向大海。好家伙，凭栏远眺，白帆点点，那一望无际的碧蓝在日光的映照下，波光粼粼。极目处，让人分不清哪是海，哪是天。更让人畅怀的是，一群群的海鸥在白云下翻飞翱翔，加上清凉的海风习习吹来，让人恍若置身仙境。

眼馋归眼馋，好东西毕竟不是自己的，只有老牛这样腰包鼓鼓的人才有资格享有。最后，所有的同学都叹息着离开了。

一年后的一天，突然接到了老牛的电话，他让我帮他物色一套山景房。看，钱的数量跟欲望大小是成正比的，有了海景房，又想山景房。

老牛在电话里说："我想把海景房卖掉。唉，没拥有的时候一心想拥有，拥有了才知道不是我所能拥有的。"老牛叹了口气，"你知道吗？我住的城市湿气大，加上我的房子离海太近，一年来，新装修的地板、墙壁都变了形，家里的电器要么生锈要么失灵。待在家里，养眼是养眼了，但身上不舒服。每天都是黏糊糊的感觉，被窝里则是潮乎乎的。更让人难以忍受的是，我的关节炎又犯了，一天到晚疼痛难忍。我现在只想要一个离海远一点的房子。"

放下电话，我想起了老牛曾经的婚姻。老牛有钱后爱上了一位当地小有名气的歌唱演员，当了两年多的铁杆儿粉丝，终于如愿以偿地走进了围城。又过了一年多的时间，老牛在家里的幸福感荡然无存，宁愿净身也要出门，婚姻宣告失败。老牛的婚姻和海景房竟像孪生一样地相似。

　　也许，一切的美好都是相对的，在外，你看到的是通体的美好，只有置身其中，才能感受到与美好相伴相生的东西，而这些恰恰又是你所不喜欢、不需要的。换言之，适合的才是最好的。

石头也会开花

在印度，有个人小的时候头脑很迟钝。在他开始学习梵文时，感到特别吃力，尤其是学语法，同班同学轻轻松松就学会了，而他虽然花费了许多的时间，仍然像没学过一样，毫无长进。他一度悲哀地认为自己永远也学不会语法了。

一天，老师提问他背诵学过的语法。他竟一点也背不出来。老师气坏了，狠狠地训斥了他一顿。他完全丧失了信心，干脆不读书，甚至连学校也不去了。他心里想：看来我命中注定不是块学习的材料。

从此以后，他无所事事，到处游逛。有一次，他来到一个湖边的小码头上，码头是用很坚硬的石头砌成的，十分坚固。他走过去，坐在上面，忽然发现光滑平整的石头上竟然有一个坑，圆圆的。他很纳闷：为什么这里会有一个小石坑呢？

恰在这时，一位妇女提着水罐走了过来，把水罐打满水后放下水罐休息了一会儿。他被一个现象吸引住了：水罐正好严丝合缝地放在了石坑里。

看到这个，他就问："这是石匠专门凿好，用来放水罐的吗？"

"才不是呢，是天长日久了，水罐磨出的石坑。"妇女说着，把水罐顶在了头上慢慢离去了。

他惊呆了，暗暗地想：既然这块坚硬的石头都能被水罐磨成坑的话，那么经过持久而刻苦的努力，难道我这个愚蠢的脑袋就不能变得聪明起来吗？

心里重新燃起了希望，他立即站起来，回到了学校，找到了老师，下定决心用功学习。奇怪的是，同样的语法，以前看起来就像一座大山，今天看来好像一口清水，一下子就喝下去了。不管学习什么课程，不管有多大困难，他如有神助，很快就能背熟，还能很快理解。

他那过去像石头一样的脑袋竟然真的开了窍。

他就是包簿·德瓦，后来，他终于成了一位著名的语法学者，关于语法学问题他还写了一本书。至今，学习梵文的人通过学习他的这一著作就能够较快地领会。

其实，克服了内心的魔障，激起了奋进的动力，盯住了一个目标，世界上还有什么事做不成呢？

挑你刺的人才是贵人

迈出大学的门槛，我捏着一纸薄薄的文凭，和众多毕业生一起被卷进了就业的大潮中。值得庆幸的是，几经周折后我总算谋到了一份自认为还算不错的工作。

上班伊始，我如同一只无忧的小鸟幸福地憧憬着美好的未来。然而，让我迷惘的是我的努力并没有得到上司的赏识，相反，我看到的却是老总挑剔的目光。那一刻，我感到自己仿佛被人用一盆凉水从头到脚淋了个透。

好不容易熬到了周末，我逃也似的回到了乡下的老家。父亲是个瓜农，除了种的一地的好西瓜外，对我的事他总是爱莫能助。看着委屈的我，父亲只是默默地蹲在一旁抽着烟，那一夜，我和父亲都没有睡好。

第二天一早，父亲让我先到镇上去替他卖西瓜，并嘱咐我非五毛钱一斤不卖。我把西瓜挑到镇上的集市后才发现当天的西瓜货源特别充足。我的担子放下后，三三两两地也来过几位顾客，但他们一问价格都嫌贵，就责问我说："人家都卖四毛钱一斤，为什么你偏要卖五毛呢？"

我遵照父亲的指示，反复向他们强调："我的西瓜是最好的，一直都卖这个价，绝不还价！"他们见我态度坚决，毫无商量的余地，纷纷掉头转向了别的瓜摊。只剩下一位中年妇女还在和我软磨硬泡着："这西瓜这么小，又不咋新鲜，就四毛钱一斤吧，不然我不买。"面对这位难缠的客人，我都懒得搭理她了，幸好这时候父亲赶来了。

"大姐，这瓜新鲜着呢，早上才摘的，要是再大点儿，送到市区超市里卖一元一斤呐！"不管客人态度如何，父亲依然面带微笑。客人虽然还是挑三拣四的，但最后还是以五毛钱一斤买了。等到那位客人走了，父亲笑着对我说："嫌货才是识货人啊！"

　　"嫌货才是识货人"是家乡的一句俗语，意思是说只有那些嫌货品不好的人才是内行，如果我们对自己的货物有信心，就不怕人嫌，因为内行人一定会知道的。同样，一个人只要自己心里有底，任由别人怎么批评都无所谓。听着父亲语重心长的话语，我若有所悟。

　　回城后，我又全身心地投入了工作中，并努力让自己做得更好。终归苍天不负有心人，不久，在公司的一次人员调整中，作为新人的我被破例提拔。

退一步的天空

刘健从一所重点大学经贸系毕业不久，就顺利地被一家大型贸易公司录用。不过，他应聘的不是我们想象中的业务部经理助理或业务员，而是当了一名普通的综合管理员。用他自己的话来说，叫降格求职。

去年的这个时候，当这家外贸公司登广告招人时，言明要招收经理助理一人、区域业务员五人、综合管理员一人。一石激起千层浪。刘健和他的同学就有二三十人同时向公司投递了应聘材料。筛选了近百份应聘资料后，同学中只有刘健和另外一名同学被通知面试。

那名同学在学校里各方面都出类拔萃，很快被定为经理助理。当主考官对刘健问起："按说，你也是重点大学的毕业生，专业也和我们招收的目标很吻合，可依据申报的岗位来看，你只填了个综合管理员。而管理员说通俗些，是业务部门打杂的，从这点上来看，你是缺乏自信，还是有其他的考虑？"

刘健听了，从容不迫地回答道："我承认我与校友有一定的差距。你们录用他为经理助理，说明你们慧眼识珠。我申请管理员的这个岗位，并不觉得怎么'亏'，这样做，一是可以避开竞争的锋芒；二是由于我经验不足，愿意从这个最基础的岗位上干起，以便全方位地了解部门乃至全公司的业务情况，从中吸取各个优秀业务员的长处，为以后成为一名佼佼者，更是为了自己在公司长久地发展打好坚实的基础。"

招聘主管被刘健坦诚的话语打动了，当场决定把这个鲜有人问津的综合员的岗位给了他，凭着小伙子这种甘于"屈就"的精神，相信他在公司一定会大有作为。

经过一年的磨合，刘健除了认真地把自己分内的工作做好外，还博采众长，跟着老业务员跑业务，熟悉生意的操作过程。大半年过去了，刘健的勤奋和发展潜能终于初步体现了出来，被公司上下所认可。完成了好几个实单后，他一跃成了公司的金牌业务员之一。

求职场上，任何岗位不一定是为你量身制作的。退而次之，自降身份，为了长足的发展先安身再立业，养精蓄锐，不失为一种行之有效进攻职场的策略。

为别人的生命加点东西

　　你有没有想过，跟人相处的时候，你能为别人的生命带来一点儿什么东西？即使不一定是实质的东西，但可能别人跟你在一起的时候，会觉得很舒服。或是跟你谈一谈心，心结就解开了，或是在你身上看到一些他没有的特质，能够鼓舞他。这些就是我说的"做别人生命中的加号"。

　　我一直认为，人与人交往是有所图的，那人家图你什么？比如说我们家阿姨，她来我家工作，我除了付她薪水之外，还能给她带来什么东西？因为我付这份薪水，别人也可以付同样多，为什么她会选择我而不是别人？我为她的生命中加了什么东西？

　　从这个观点看，每一个跟我来往的人，我都希望，我是他们生命中的一个加号，他们的生命能够因为我而变得更丰富、更多彩。你的存在让对方受益，自己也会很开心，这是非常有意义的事情。

　　但反过来说，如果你一心一意想成为别人生命中的加号，这反而是给自己增加了一个负担。如果走到哪里都要为别人着想，把自己的利益放在最后面，那就太累了。因此，这个尺度要拿捏得很好。

　　我很喜欢与人分享，也很喜欢给予，但是当我觉得给到一定程度已经够了的时候，就会适可而止。不要非得做别人的加号，非得为人家付出，因为你做别人生命中的加号也是要有缘分的，前提是人家愿意接受，有些人是没有这个空间去收容的，那你给予得再多也没用。

　　那怎样做别人生命中的加号？我觉得最重要的是先把自己的需求都满足。只有自己的需求都满足了，才能轻装上阵，这样，你为别人做事情时才能端正心态——不图获得你的感恩，只要你跟我说句谢谢就好了。

　　如果你的需求没有得到满足，你也可以去跟别人要。但前提是要非常清楚自己的状态，自己需要的是什么？能通过什么途径获得？要对自己的起心动念，以及自己的行为负责，这样才能够有一个比较清楚的觉察。幸福的人就是一个能跟自己好好相处的人，只有对自己非常了解，才可以做自己最忠实的支持者和观察者。

现代人最大的问题就是每天浑浑噩噩得像机器人一样过日子，没有把注意力拿回来放在自己身上，去觉察自己到底为什么这么做，为什么这么说，此刻，我的情绪为什么会这样。对自己少了一份觉察，目光始终投射向外，光顾着看外面的世界，看外面的人，那这样的话，你做不了自己生命中的加号，更做不了别人生命中的加号。

勿使心灵惹尘埃

有一个大学生，对文学十分痴迷，每天勤奋读书写作，梦想着将来能在文学领域闯出一片天地来。毕业后，他到一家贸易公司做了一名业务员，随着业绩越来越好，积累了第一桶金，后来辞职成立了一家公司，经过几年的打拼，成了一位身家几百万的大老板。没有了衣食之忧，他又重新做起了文学梦，想要写出一部作品来，然而，他发现自己再也静不下心来了，写了好长时间也没写出来多少字。经过一番思索，他果断决定，将公司交给内弟打理，自己只占有股份参与分红，不再插手经营。之后，他带着家人，到一处风景秀美的地方长住，并在那里开始着手写作。半年以后，他的书写成了，出版之后引起了不小的反响。事后，他总结说："之所以当时写不出来东西，是因为那时整天满脑子想的都是公司经营的事，心灵被赚钱的欲望填满了，就没有空间再能容下文学了……"

有一个印度人，被同村的一个人打断了手指，右手成了只有4个手指头的残疾人。法院判凶手赔偿了他一些钱，而且让凶手坐了4年牢。虽然凶手已经得到了应有的惩罚，但他总觉得还是自己吃亏，因为自己的手指头永远也找不回来了。他的心中便充满了仇恨，他想等凶手出狱后伺机报复，把凶手的手指头也剁掉一个。但他又明白那样做自己也得受到法律的惩罚。于是，两种思想便一直在打架，谁也说服不了谁。眼看着4年的时间要过去了，他的思想斗争越来越强烈。就在这时，他结识了诺贝尔和平奖得主特蕾莎修女，他为特蕾莎修女的爱心所感动，也想做一个她那样有爱心的人，同时也把自己内心的矛盾告诉了特蕾莎修女。特蕾莎修女听完了他的经历，对他说："人不应该永远记着恨，而应该永远记着爱，只有爱才是永恒的。"然后，特蕾莎给了他一些关于爱的书，让他回去读，而且每天早上起来问自己一遍，是不是还恨那个凶手，直到他不恨了，再来找她。他回去以后，就按照特蕾莎的说法，每天早上起来后，问自己一遍还恨不恨那个凶手，开始的时候，心里依然充满着仇恨，后来，随着不断阅读特蕾莎给他的那些书，他被特蕾莎博大的胸怀所感动了，渐渐地，他发现自己已经不再恨那个凶手了，他想开了。他来找特蕾莎，告诉他自己心中已经没有恨了。特蕾莎高兴地说："好，一个心中装着仇恨的人，是没有办法再把爱装进心里的，所以必须先把仇恨从心中清除掉，才能让爱在心中生根。现在，你可以做一个有爱心的人了，因为你的心中已经没有了仇恨。"

有一回，一个文友告诉我说，她往我的信箱里发邮件，但总是失败，告知"对方邮箱没有多余的空间"，我检查了一下，发现我的邮箱因为没有及时删除垃圾邮件，容量满了，所以不能再接收新的邮件了，我把垃圾邮件全部删除掉，邮箱又能正常接收邮件了。

人的心灵也和邮箱一样，随着岁月的流逝，往事的尘埃会让我们的心灵积满各种各样的垃圾，使我们无法再接受新的东西，只有定期打扫和洗涤自己的思想，及时清除掉心灵里的垃圾，才不至于让心灵蒙尘，轻装上路，才能坦然走过生命中暗淡的岁月，让自己心灵的天空变得清澈明亮，更好地享受人生的幸福。

位置和低调

我国的长白山是一座死火山，山顶上覆盖着黑色的火山石和白色的火山灰。长期以来，长白山恶劣的生存环境，使这里海拔400米以上的地方成为"不毛之地"。

为了让长白山山顶长出植物，把它变成能带来经济效益的地方，先人们曾经尝试着将各种植物无数次移栽到这里。可是，让大家失望的是，移栽到这里的高大乔木、众多灌木很快就枯死了，根本没有成活的可能。

然而，让大家感到欣喜的是，有一种不经意带到这里的叫高山杜鹃的植物却顽强地存活下来。不仅如此，多年以后，站在长白山的半山腰向上望去，你随处都可以看到它们的身影儿，到了开花季节，高山杜鹃甚至能把长白山的山顶染成一片火海。

为什么长白山山顶拒绝乔木、其他灌木等植物，独留高山杜鹃在这里生存呢？原来，高山杜鹃之所以能在寸草不生的碎岩石上生存，并绽放成一道美丽风景，最根本的原因是矮小。它们的植株只有几厘米，几乎是贴着地面生长，这达到了木本植物的极限。因此，它们对养料的需求也达到了极限。而且，山上可以吹折树木的强风也不会波及这些矮小的植物。

高山杜鹃的生存值得我们反思："良贾深藏才若虚，君子盛德貌若愚。"所处位置越高，处世态度越要低调。低调做人是一种生存的大智慧。更是为人处世的一种基本素质。低调做人，不仅可以保持自己，使自己与他人和谐相处，患难与共，更能使自己积蓄力量、悄然潜行，在不显山露水之中成就伟业。

唯有胸怀天地

徒弟求教于水墨大师门下，苦学半载却仍不得要领。

每每看大师作画，也不见大师如何蕴力屏息，只寥寥数笔，勾勒的线条便清晰明朗，一股浩然之气跃然纸上，四周的空气竟也变得灵动起来。徒弟数度临摹大师画作，粗看并无二致，但细细品味，却总觉大师之画若兰香在齿，而己之画则索然无味。

徒弟求教大师，大师只是微笑不语，问得急了，便说一句"火候未到"。

徒弟于是每日苦练画工，又过半载画技渐臻佳境，何处重墨何处漫笔均已了然于胸，遂挑一艳阳高照之日，沐浴更衣，焚香铺纸，落笔作画，一气呵成。但见画作工笔严谨，笔墨轻重均恰到好处，一眼看去徒弟不禁得意至极，但第二眼望去却突觉缺了一点东西，再看之下此种感受更浓，过了半晌，竟觉整幅画作变得一无是处。于是向大师求教，大师观画之后，只留"无懈可击"四字便飘然离去。

徒弟思之，难道这问题就藏在这四字之中？莫非无懈可击竟是此画诟病所在？

见徒弟百思不得其解，大师心中微动，却欲言又止。

如此过了一日，午夜时分，徒弟苦思之下心智渐乱，突然发狂，一把拿起画作便撕扯起来，不过瞬间，心血之作已化作片片蝴蝶洒落院中。

疯狂之后，徒弟突然沉静下来，其时夜色浓重，徒弟举头望天，但见天上月圆不盈一物，低头望地，只见纸片破碎如哀鸿遍地，徒弟突然顿悟，原来自己与大师的距离便在此处。

徒弟大笑出声，顺手挥起手中毫笔，在墙壁一角涂鸦起来，但见腕随月色摇曳不停，落笔之处随之荡起一抹寂寥，转瞬之间，画作已成。

　　徒弟也不言语，将手中毫笔一扔，就此离去。

　　大师在窗外观之，抑制不住心中的激动，双手竟微微颤抖，历经数载，这百年衣钵终于觅得了传人。

　　原来，这作画之道，在于心装天地，唯有如此，才能无私，才能绘这世上之物，笔下之物才能拥有天地灵气，这一点灵机，却是只可意会不可言传的。

　　其实，何止区区作画一事，这世间万事万物之理莫不如此。

头顶的乌云

五岁那年他失明了，起初，他并不知道究竟发生了什么事，不停地问母亲，为什么总是黑夜，为什么不打开灯？

母亲告诉他，他头顶有一块乌云，挡住了太阳和所有的灯光，不过不用害怕，虽然不能见到光明，但乌云挡不住太阳散发的温暖，用心感受世界还是暖烘烘的。

他似懂非懂，却突然雀跃了起来，妈妈没有骗我，天上真的有乌云呢，有雨落在我手背上了。母亲的身体微微颤抖着，紧接着，有更多的雨落在他的手背上、脸颊上，雨水咸咸的、涩涩的，那是母亲的眼泪。

黑暗中，他的听觉变得异常灵敏，甚至能听到一朵花开放的声音。有一天，他听到角落中传来细微的"噼叭"声，于是摸着墙壁走到角落，他伸手轻轻触摸，发现那儿有一盆植物，一股香气随着他的触摸在空气中弥漫开来，那是一种淡淡的无可名状的味道，像是光明的味道。

母亲告诉他，那是一盆菊花。从此后，他爱上这盆花，他触摸它的枝叶，会感到凉润沁心，聆听花开，则会在心打开一扇门，恍惚中，有一束光注入他黑色的世界。时光的流逝静寂无声，他渐渐顺从了黑暗，没有了最初的恐惧，反而变得有些依恋起来。直到有一天，父母告诉他要上学了，那个学校很好，虽然仍然黑暗，却充满了花香。

随着父母跌跌撞撞走出家门，听到大街上车水马龙的声音时，他的身体变得僵硬起来，他感到强烈的阳光照射在自己身上，那温暖有些燥热，令他平静的心剧烈地跳动。

他进入的是一所盲人学校，果然如父母所说，这儿充满了淡淡的花香味道，在穿过一段坑洼不平的林荫道时，他感觉到阳光忽明忽暗，他紧紧握住父母的手，害怕自己会迷失方向。那一天，他不知走了多少路，最后来到了一个陌生的房间，然后，他听到了一个温柔的声音在叫他的名字，你好，请坐下吧。

他坐了下来，父母不知何时松开了手，他无所适从地四处摸索着，突然摸到了一个四四方方的桌子，这时，他嗅到了一股熟悉的花香，循着花香探去，果然，家中角落里那盆菊被放在了桌子的一角，在熟悉的花香环绕下，他的心渐渐平静了下来，然后，他听到四周传来了他异常熟悉的声音，那是一种呼吸的声音，只有身处黑暗之中的人才会那样呼吸，细微、悠长、平静……

在这里，他遇到了很多与他一样身处黑暗的年轻人，他学会了许多，生活能自理了，可以用盲文阅读书籍，甚至可以在操场跑道上与人赛跑。他逐渐长大了，有了很多朋友，他觉得黑色不再是单调而封闭的，相反，黑色是深邃而包容的，他热爱上了生活，感受到了生活的温暖与另一种源自灵魂深处的光明。

每天的课程很多，但他每天都会雷打不动地伺候桌上的菊花，老师告诉他，这种菊花叫作墨菊，虽然朴质无华，却端庄稳重，在花的世界里，墨菊惬意舒缓、洒脱娴静、隽永鲜活、醇厚如酒，将其融汇到心境中，会凝聚起一份自然天成，飘逸出一份清绝品格。

他听得悠然神往，心中暗暗下了决心，自己也要做一朵墨菊，在黑暗中散发出淡淡的花香，把平凡的生命沉淀成一杯醇香的酒。

别让你的技巧胜过品德

　　耶鲁法学院院长哈罗德·H·柯寄语学生：别让你的技巧胜过品德。他说耶鲁法学院倡导的是：只会读书而缺乏人性是无益的；成功而没有人性是可悲的。当你们离开耶鲁时，我希望你们回想起耶鲁时不仅视其为一个接受法学教育的地方，而且是一个你从中找到了道德指南的所在。

　　为此，哈罗德在法学院开学典礼上这样讲："一个法律人仅仅倚仗法律技巧是不够的。你必须追问：我的技巧是为谁服务的？在耶鲁法学院，你们将会渐渐获得什么呢？你们将逐步掌握法律技巧：这些技巧会让你们有本事把人们扔进监狱；挽救或者毁灭人们的生命；就天文数字的标的提出理据等等。但正如我们所知道的，巨大的力量也意味着巨大的责任。这类技巧和工具都有其时空的限制。你们会在学校发现以往耶鲁学生所没有的新的有力工具，如互联网。但请记住，别滥用技术的巨大力量去攻击在线的他人，别侵犯别人的隐私，或将你的同学作为恶作剧的靶子。我们致力于挑战成见，但须建立在相互尊重的基础之上。记住你的职业生涯始于今天，你在此所做的选择将影响你的职业声誉。当'品行和操守委员会'决定是否接纳你进入业界时，不但要考查你的法律职业素养，还要考量你在执业过程中的行为是否正当、道德。你们所发送的每一封email，你们所开设的每一个博客都会留下文字痕迹；你们所公开散布的有关你们自己和他人的所有信息将永久记录下你们的品行。所以，永远别让你的技巧胜过你的品德。在接下来的几年里，你们的技巧将突飞猛进，但千万要记住让你们的品德行在头里。这就引出了我的最后的忠告：在求索自己为什么而奋斗的同时，也请深入地思考一下如何服务于社会的福祉。你将如何为公众的利益做出贡献？你将投身于怎样的公益事业？"

　　哈罗德是在提醒人们，教育不是为了将孩子造成"工作机器"，而是鲜活的道德信仰者；不是赚钱的工具，而要成为公民理念的倡导者；不是为了自己，更是为了给社会和事业带来发展的愉悦。哲学家约翰·罗斯金曾经说过："人劳碌一生，其最高奖赏不在于他从中获得了什么，而在于他借此成为一个什么样的人。" 但愿这种醍醐灌顶能引起我们的反思和改进。

不妨做一丛历经风雨的草

2012年5月，一个女孩的艰难人生被一双旅游鞋改变，她的未来变得阳光灿烂。这个女孩叫王定，出生在湖北省红安县的一个小村庄，母亲患有脑积水，长年离不开药物，父亲背井离乡，一直在外打工。艰难是她生活的基调。

穷人的孩子早当家。王定很小就成为母亲的得力帮手，照顾年幼的弟弟，并分担大量家务。她没有抱怨任何人，她记得母亲曾经说过："穷家娃，就得像艾蒿，经得住风雨，才能成为一味药材。"

上初二时，家里实在没钱，父亲打回电话，进行二选一，让弟弟继续念书，让王定辍学，到一个服装厂老板家做保姆，每天洗衣做饭，月工资200元。对此，王定也没有怨言，临走时对弟弟说："你用心读，姐每月给你寄生活费。"

幸运的是，几个月后情况有所变化。父亲从老板哪里领到了一笔拖欠的工钱，寄回家里。于是，母亲托人把王定找回来重新上学。几个月在外磨炼，王定变得更加能够吃苦耐劳，也更加珍惜学习机会。没多久，她就把落下的功课补了上来。那年期末，她居然挤进了班上前10名。看着女儿的成绩单，母亲笑出了晶莹的泪花。

高二时，"经济危机"再次发生，王定只得又一次放下书包，离开心爱的课堂。经人介绍，她应聘到武汉市一家书店打工，除去吃喝，每个月能挣到600元。在那里，王定念念不忘重返课堂，用度极为节省，四个月居然攒下了2000多元。母亲又一次读懂了女儿的心，不顾父亲的反对，支持让女儿重回课堂。

第三次"险情"发生在2011年6月。那时，高考一结束，王定就背起行李包，随同村的一帮姐妹，远赴温州的鞋厂打工。8月，先后有两份大学录取通知书邮递到家里，一份是弟弟的，一份是王定的。但是，家里根本没钱供姐弟两人同时上大学。家人心中的天平再一次倾斜，决定向远在温州的王定隐瞒消息。最终，还是母亲经受不住心灵的煎熬，背着父亲，悄悄托人给女儿打电话通报了消息。

接到电话的那一刻，王定喜极而泣。那个暑假，她在鞋厂里豁出命地挣钱。为了多挣几十元，她选择别人不愿干的刷胶工种，每天忍受刺鼻的气味，没日没夜赶工。临到大学开学前，她终于挣足了4000元，回到家乡红安，拿着录取通知书，跨进了大学校门，成为旅游专业的一名新生。尽管那只是一所高职院校，但是，王定还是开心地笑了，因为她知道这一路走来的艰辛。

几番风雨，并没有摧折王定这颗幼苗，反而使她更加坚强和执着。为了不给家里增加负担，一到寒暑假，王定就主动外出去打零工，挣学费。她真的就像大别山下那一丛丛随处可见的艾蒿，不张扬，不娇气，不服输，具有极强的环境适应力，只要泥土里有一点水分，就能茁壮地连片生长。

上帝真的很公平，吃苦耐劳的王定终于在一个意想不到的时刻，被上帝有力地推了一把。2012年4月下旬，王定和20多个同学在湖北省麻城龟峰山风景区担任实习导游。5月3日，王定接待一个旅游团，有个女游客疏于准备，穿着高跟鞋上山观景，不到20分钟，脚就疼得走不动路。王定见状，毫不犹豫地脱下自己脚上的一双旅游鞋，让给女游客，自己则光着脚丫，在粗糙的山路上整整走了4个多小时，磨出了一个又一个大水泡。女游客深受感动，下山后，坚持要为王定买双鞋，王定却说："不用了，我在农村长大，平时打赤脚是常有的事，没什么的。"

这一幕幕都被游客拍下发在网络上，感动了无数网友，人们称王定为史上"最美赤脚导游"。一夜成名的王定因此获聘为"麻城龟峰山景区导游形象大使"，提前被旅游公司招为正式员工，并预领实习期工资3000元。毋庸置疑，王定已经赢得了可以预见的美好未来。

有人说，王定真幸运，仅仅因为脱下一双鞋，就赢得了巨大荣誉。这话，对，也不对。不错，脱下一双鞋不过是很小很小一件事，但是，扪心自问，在现实生活中，当别人需要时，我们又有多少人能够像王定这样，毫不犹豫地脱下自己的鞋让给需要者呢？王定之所以能够做到，那是因为她在20多年的人生坎坷中，已经养成了一种艾蒿精神：在成为药材之"宝"前，不惮于做一丛历经风雨的"草"！

不能省的路

　　每年的9月3日，卡尔顿都会来到南迦·帕尔巴特。对着巍峨的雪山，他轻轻说道："老朋友，你还好吗？我来看你了。"他把一束鲜花、几本地理杂志放在一块石头上，拿出经书念诵经文，虔诚地祈祷。异国朋友秋野长眠于此已有十年，漫长的岁月没有抹去心中的记忆，在卡尔顿的脑海中，永远鲜活着秋野年轻的容颜。

　　十年前，卡尔顿工作的合资公司来了位日本工程师，他叫秋野。秋野爱好旅游，是个狂热的登山爱好者，他来巴基斯坦工作，主要源于对南迦·帕尔巴特雪山的神往。南迦·帕尔巴特位于喜马拉雅山脉西段巴基斯坦境内，海拔8126米，因坡度小于珠穆朗玛峰，所以许多登山爱好者喜欢把它作为挑战目标，秋野也一样。此前，卡尔顿曾经多次挑战南迦·帕尔巴特，但均因体力不支以失败告终。同样的登山爱好，使卡尔顿与秋野结下了深厚的友谊。

　　那年的9月3日，在做了充分的准备后，秋野与卡尔顿来到南迦·帕尔巴特。湛蓝的天空下，被积雪覆盖的南迦·帕尔巴特闪着圣洁的光芒，秋野鲜红的羽绒服在白雪的映衬下格外醒目。卡尔顿在山下随时注意天气动向，他看到秋野一步一步向山上攀登，那点红色渐渐越来越小。

　　下午，情况突变，南迦·帕尔巴特被浓云笼罩。卡尔顿通过望远镜寻找秋野的身影，却一无所获。对讲机里传来秋野的声音："现在山上下起了大雪，风很大，能见度很低，我找不到路了。"秋野的声音被劲风吹得时断时续。

　　卡尔顿焦急地对他说："你赶紧下撤吧。"

　　"不，我再等等，已爬了一大半了，我不能放弃。"秋野回答道。

秋野告诉卡尔顿，他已支起了帐篷，以躲避这场暴风雪。许久，秋野又对卡尔顿说："现在风小了，雪也停了，但山上还是阴云密布，看来今天不能继续登了。今晚我就在这儿安营扎寨，明天再登山。"

卡尔顿立即劝阻他："不行，如果晚上再下大雪怎么办？你赶快下山！"

秋野在那边轻松地笑了："不，如果下去，明天我又要重复走这段路。放心，我的运气不会那么差，你为我多念几篇经文，求真主赐我好运。"

几十分钟后，秋野说，他已重新选择了休息的地方，是一块背风、平坦的开阔地，钻出帐篷就可望到山顶。

那一晚，天气奇迹般地好转，皎洁的月光倾泻而下，洁白的南迦·帕尔巴特雪山在明月的映照下，如处子般纯洁、安宁。秋野兴奋地把山上的美景描述给卡尔顿听，令他心驰神往，恨不得飞上山，尽情饱览雪山美景。

第二天清晨，卡尔顿用对讲机呼叫秋野，对方却悄无声息，卡尔顿有种不祥的预感，他反复呼叫，寂静的山中却只回荡着他的声音。不久，噩耗传来，昨天晚上，南迦·帕尔巴特发生雪崩，秋野不幸遇难。

卡尔顿悲痛万分，如果自己极力劝阻秋野，悲剧就不会发生。事后，专家在现场勘察得出结论，秋野在选择休息地时，犯了两个大错，一是选择在山脊，因为山脊是最容易发生雪崩的地方；二是选择在平坦开阔地，因为貌似平坦开阔的地方，往往隐藏暗沟，当山上的积雪轰然坠下，暗沟上的人就会被掩埋。

卡尔顿有三个儿子，在每个孩子举行成人礼的那年，他会选择在秋野祭日的那天，带着孩子来到南迦·帕尔巴特，向他讲述秋野的故事，并告诉他："孩子，在未来成长的路途中，你需要攀登许多高山，但一定要记住，止步于险境前观望等待，终将失去前进或撤退的最佳时机。当抵达胜利的峰顶无望时，应明智地选择撤退，养精蓄锐，在下一个适宜的时候进行新一轮冲刺。不要惋惜以前的努力需要重来，有些路，注定不能省略。"

第三辑
转身遇见美

人生的轻松、惬意、飘逸、灵动……
转身之间的种种美好，
常常让许多漂亮的词汇黯然失色。

春天不会遗忘

　　我的一个技校毕业的朋友，凭着自己出色的技术，在一个出名的机械厂里找到一份工作。因为很低的学历，他只能被分配到最脏最累的底层车间里工作。相比于那些在窗明几净的办公室里，喝茶读报却拿高薪水的大学生，他所付出的劳动和能拿到的报酬，几乎严重地失调。和他一个车间里的工友，闲来无事的时候，总会诅咒那些领导。有时候领导来车间里视察，他们甚至会故意地使些小奸小坏，以此发泄他们心中的不平。尽管这样，还是没有人来改善他们的待遇。

　　有一次，厂里一个部门的领导要搬家，车间主任派了十几个人去帮忙。一行人皆觉得气愤，凭什么要把他们当免费的劳动力使？朋友却只是笑笑。有人不解，便说，如此不平等的事情，为什么你反应这么平淡？朋友笑说：既然我们就是靠一双手来谋生的，给别人帮一点小小的忙，又不损耗什么，何乐而不为呢？

　　就是抱着这样的态度，朋友像无数次在回家的路上，帮人推一把车一样，神情愉悦地一趟趟搬着东西。其他人心里皆怀着愤恨，手上更是不满，常常会"不小心"便将贵重的瓷器摔碎在地上。而且干活也不利索，碎屑和杂七杂八的小东西，几乎是撒了一路。

　　朋友是最后一个离开的。他把自己搬运的东西全都整整齐齐地放好，又找了个垃圾筐，将四层楼梯上和小区花园里，撒下的灰尘和碎屑，全都扫进去。而后才擦了把汗，跟领导说了声再见，这才匆忙地赶回车间去干自己的工作。

　　这样一件不屑一提的小事，很快地便被整个车间的人忘记，直到一个月后，朋友突然地被调去办公室做人人艳羡的秘书工作。工友们皆说，不知朋友怎样拍了马屁。但只有朋友自己明白，他其实什么都没有做，他只是在最卑微的角落里，没有忘记自己是一粒种子，和其他人一样有遇到春天的机会。所以对于每一件细微的事情，他都会努力做到最好。

我的另一个朋友，也是职位卑微的人。他在一家网通公司做临时业务员，只有每月400元的底薪，提成却是一分也没有。几乎每一户宽带出了障碍，都是他不辞辛苦地跑去帮忙。有些用户不明白，将对公司的怨气全都一股脑发到他的身上，他也只是微微一笑，就淡忘了。许多如他一样的临时工，全都消极怠工，反正是干好干坏都拿一样的钱，何必这么用心？但朋友一直兢兢业业地将每一项业务做好，许多用户知道他做事认真，每有问题，必点名让他过去。同事们皆笑他倒霉，他却什么也不说，只坚持一个原则，凡是经过自己手上的工作，就一定要完成到最好。

后来他和几个同事调到另一个部门去工作，临走那天，他又接到一个用户的电话，说急需用电脑，却无论如何上不去网，让他赶紧过来帮忙调试。他本可以像别的同事们一样，说自己已经办好了调离手续，这项工作，会有别人来做。但他却像往常那样，说：好的，您稍等，我马上过去。

连朋友自己都没有想到，这一句话，给他的命运带来怎样的转折。那位客户得知他已经不做这项工作，却依然在临走前，将最后一件事情做好的时候，异常感动，正巧他所在的公司，要招聘部门经理，而他又恰好是招聘主管，便很诚恳地，邀朋友到自己的手下做事。而他给朋友开出的月薪，竟是朋友以前一年的收入！

这样一个机会，或许和他一起工作的同事，也一样可以遇到。但它却独独降到了朋友的手中。并不是朋友比他们幸运，他只是和那些被风吹到黯淡角落的种子们一样，不管阳光和雨水会不会眷顾到他，都踏踏实实地将生长的每一个必备的环节做好，而后向那春天的方向尽力地伸展。

而当种子从狭窄的石缝里，探出嫩绿的叶片，甚至美丽的花儿，经过它的人无一不会惊叹：春天竟连石缝里的生命也没有忘记！但只有这一粒种子，才真正明白，其实，不是春天记住了它们，而是它们自己，没有将春天遗忘。

踩着喜欢的节拍去生活

李同的家在一个偏僻的小县城，凭着勤奋，考上了北京一所不错的大学。毕业后，他留在北京，发誓一定要混出个人样，来个衣锦还乡。

一次次投简历，跑招聘会，终于找到一份可供温饱的工作。从此，他像一头拉磨的驴，自己鞭打着自己，不停地奔跑。每天天不亮起床，一边啃早餐一边挤公交，午餐随便凑合，晚上经常加班到深夜，领导一个电话，就得放弃休息日，拉起行李就出差。

付出终于有了回报，两年后，他升了职，薪水也有了大幅提高。可以松口气了吗？当然不能，环顾左右，危机四伏，A同事英语超群，酒量惊人，B下属工作能力强，大有赶超之势，C领导总是鸡蛋里面挑骨头，对自己似有不满。职场行走，如逆水行舟，不进则退。

他强迫自己学外语，看各种专业书籍，在酒桌上练酒量，忙得昏天暗地。眼看三十将近，依然独自一人。终身大事不能耽搁，身边的人个个都有了小家庭，自己若落后，被剩下，岂不失败？可是，哪有时间恋爱呀，那就走捷径吧，相亲去。

熟人介绍，中介征婚，电视相亲，转了一大圈，终于遇到一个可心的，还等什么，赶紧结婚，然后要个孩子，人生的任务就完成了一大半了。

可是，新的任务又来了，看看身边的人，A善于理财，有了不少的积蓄，B早就自己创业，赚到了房子车子，C家底殷实，经常带着家人来个国外几日游。他不能输给别人，他必须更加努力，让家人过上衣食无忧的生活，让孩子不输在起跑线上。

他不再满足于做个工薪族，拿出所有的积蓄，又贷了款，开始自己创业。那是一场孤注一掷的赌博，他把办公室当成家，吃睡都在里面，方便面是最亲密的伙伴。有时候，上一秒和客户在酒桌吃饭，下一秒又行走在去见客户的路上。好不容易回趟家，孩子却早已进入梦乡。

慢慢地，生意有了起色，但是市场如大浪淘沙，稍有松懈，就有可能被踢出局，他必须一如既往地努力。

再后来，生意终于越做越大，他买了大房子，买了名车，送孩子上贵族学校，对父母一掷千金。在别人眼里，他已经是成功人士了，可是，他却不敢躺在功劳簿上睡大觉，他怕一个不小心，到手的一切都丢掉了，成为别人的笑柄。他不得不强打精神，迈着大步继续前行。

一场突如其来的疾病，把所有的节奏瞬间击乱，在医生的再三告诫下，他决定回到家乡的小城，静心休养。

母亲每天变着花样给他熬粥，父亲则在院子里侍弄着那些花花草草，日子如天上流云，悠闲从容。

闲下来的他开始梳理自己的生活。辛勤工作，努力创业，有了房有了车，有了所谓的成功，可是，这真是自己想要的吗？其实，只是因为大多数人都过着这样的生活，所以他才逼着自己，也过上这样的生活。

就像同在一个舞池里跳舞，本来他喜欢伦巴，可是看到很多人都在跳恰恰，不知不觉中，他就踩着了恰恰的节拍，跟着别人的脚步一起旋转。跳一段不适合自己的舞，自然是动作生硬，毫无美感，跳着跳着，慢慢迷失了方向。

为了跟随别人的脚步，他透支了自己的健康，疏忽了自己的父母，冷落了自己的孩子，丧失了自己的快乐，甚至，省略了自己的爱情。

他忽然惊觉，这些，真的不是自己想要的，他想要的生活其实很简单，有家人陪伴，有朋友谈天，有事可做，有钱可花，闲时种种花旅旅游，就很好了。

生活本来没有好坏，就像舞蹈没有优劣，只有适合与否。人生短暂，应该尽情舞蹈，但一定不要踩着别人的节拍，那样只会让自己被生活绑架，越来越累。我们应该跳自己喜欢的舞，踩着自己喜欢的节拍，唯有这样，生活才会越来越美，快乐才会越来越多。

转身遇见美

他家住山东泰安，在北京读大学期间，结交了一位澳洲友人，两人热情相约有朝一日一同游览泰山。但直到10年后，他们才找到实现心愿的机会。彼时，两人都已过了而立之年。更令他意想不到的是，友人患了医生也束手无策的绝症，已生命无多。

两人第一次相伴登泰山，或许也将是今生最后一次了。他祈祷上苍能特别眷顾他们，赐予他们好天气，让他们一睹泰山日出的壮美景象。

偏偏天公不作美，他们刚来到泰山脚下，空中便飘起了雨丝，很快就变成了淅淅沥沥的小雨。他本来就有一点儿忧戚，面对阴沉沉不知何时会放晴的天空，心情更阴郁了。友人情绪却丝毫未受影响，笑呵呵地说："我们也来一回雨中登泰山吧，我读过李健吾的《雨中登泰山》，相信那种感觉也一定是很美的。"

"好吧，等雨小一点儿，我们就出发。"他钦佩友人随遇而安的淡定。

等了两天，恼人的雨终于小了，他们沿着湿漉漉的山道，开始了渴望已久的攀缘。

许是阴雨连绵的缘故，登山的游人明显少了许多，但这并未影响他们的兴致。两人边说说笑笑，边欣赏着沿途的风景。不知不觉，就登上了十八盘。两人停下来歇息了一会儿，正准备继续向顶峰冲刺。雨忽然大了起来，只得在附近找一个住处，暂住一宿。

谁知听了半夜的泰山秋雨，第二天雨虽小了一些，却仍未见停歇的迹象。他有些失望地抱怨着，友人却笑着说："我们下山吧，这雨陪了我们一路，我们就乘兴而来乘兴而去，不亦乐乎？"

"就这么转身回去？"望一眼云雾缭绕的顶峰，他有些不情愿。

"即使登上顶峰，估计也看不到日出。即便是能见到日出，那又如何？该转身时就转身，就像这人生，无须太偏执。"不知友人几时添了一份魏晋风度。

未曾如愿登顶，也有满怀的欣然，而无一丝的遗憾。异国朋友为他形象地诠释了"善于转身"的人生奥妙。

若不转身又会如何？

他是一位留美博士，从小学到大学，从国内到国外，成绩一直名列前茅。归国后，进入一所著名的大学，依然勤奋异常，简直就像"拼命三"，整日忙碌着课题的申请、研究、答辩、验收，他有开不完的学术会议，赶不完的各类学术论文约稿，还有本科生、研究生的课程，有总也做不完的试验……忙，忙，忙，他的每一天几乎都被一个"忙"字占有了，加班加点到深夜，那是常有的事。他甚至忙到连吃饭，有时都成了一种负担，宿舍里堆满了方便面，他经常简单对付了事。

是的，他的学术成绩斐然，34岁便成为学院最年轻的教授，各种荣誉证书攒了一堆。然而，在父母眼里，他是一个十足的工作狂，连着几个春节都不回家，甚至连谈恋爱也挤不出时间。在朋友们看来，他志存高远，令人敬佩，但他的生活未免太单调，近乎枯燥了。

那天，他突然晕倒在实验室里。诊断结果冰冷得令人惊愕——他得了肝癌，是晚期，癌细胞已扩散。

其实，早在3年前，他便有过身体不适的症状，只是他根本没在意，甚至连学校组织的每年例行的体检，他一次也没参加，他不肯抽时间关照一下身体。

医生惋惜地说："若是早一点儿发现，还有许多救治的机会和途径，但如今……"

英年将逝，眼看着白发人要送黑发人。他追悔莫及，原来总以为一心一意执着地追求，才是人生最重要的，却在不知不觉中失去了生活中许多更重要的东西，比如亲情、爱情、休闲娱乐……

此时，他才恍然发觉，人生不能一味地向前，应该学会适时地转身，因为周围有那么多美丽的风景，值得自己去细细欣赏。

临终前，他遗言："假如有来生，我一定好好地谈一次恋爱，一定多陪陪父母，多一些业余爱好，多去看看外面的风景……"

人生有执着之美，有拼搏之美，亦有转身之美，我更欣赏转身之美。转身，目光可以流连周边摇曳多姿的风光，心绪可以悠然如云，绷紧的神经可以松弛一下，跋涉的身躯也可小憩一番。生活的芬芳，生命的繁博，都在转身之际，倏然活灵活现地呈于眼前，触手可及。

转身，才有九曲十八弯的壮美，才有曲径通幽的曼妙。行走于爱情路上，懂得适时转身，无疑是一种非常智慧的选择。金岳霖先生那毅然的转身，留下的是传世的爱情佳话；张爱玲那决然的转身，斩断的则是一段已然枯萎的情缘。

无论是悠然地转身下山，还是停步转身四望，每一次自然的转身，舒展的，或许正是生命的从容、淡定、洒脱、繁复……收获的，或许正是人生的轻松、惬意、飘逸、灵动……转身之间的种种美好，常常让许多漂亮的词汇黯然失色。

人生苦短，不必着急

博士第二年，我突然想放弃了，这个想法就像伊甸园的苹果，不断诱惑我，刺激我，左右着我的情绪。但是到了现在，逐渐淡了，我想我会继续坚持下去，拿到博士学位。

得益于发达的网络媒体，这个时代比以往任何时候都更充满诱惑，看到以前的同学往返于国内外，周末出去游山玩水，喝酒唱歌；看到他们开始谈婚论嫁，忙着结婚、领证、各种写真，恩爱幸福；再看看自己，苦逼地坐在实验室，一个月1千多元补助，读个博士要5～6年，怎么想怎么不划算。

于是着急了，也想每月拿个七八千上万的工资，也想周末可以出去花天酒地，也想找个妹子把证领了，然后闭门造人。

尤其是发现坐在实验室看论文，一遍两遍三遍看不懂，经常被老板批这个不行，那个不行的时候，更加郁闷。数次想说，我不读了，直接卷铺盖出去赚钱去了。

可是仔细想一想，读博真的没用么，把你扔到公司里去，你就能保证比待在实验室更好，你一定会活得更开心？

跟师兄们比成就？比不过，人家发了多少paper，我看懂了多少paper，这没法比；跟工作的同学比拿的钱多？人家每月还要交税，我这都不够交税资格，这么比有啥意义呢。从小的教育只告诉我要跟人家比，人的愤怒往往是出于对自己无能的不满，这话说得真不错。

对自己现在做的事没啥兴趣，这其实是一个常态，大部分人都这样，不同的是态度。你愿意为手边的事花多少心思，决定了你的收获能有多大，随便搞搞是一天，认真钻研也是一天。时间都是一样的流逝，不同的是，你成长了多少？

大部分的年轻人其实都会焦虑，大学毕业想找个年薪十万的工作，哪个公司钱多就跳槽去哪里，然后赶紧买套房子，讨个老婆，一切要赶在30岁以前，然后等四五十岁后，换个轻松的工作，做点自己想做的事。

可是真的要这么急么，直接从现在跳到60岁，儿孙满堂，光荣退休好不好？

人生是一条单行线，每个人都有每个人的走法，关键是你看到了沿途的风景么？你又拿什么样的标准来衡量人生呢？假如赚够了500万，你准备做什么？做你喜欢的事，还是买套房子接着上班？

大部分的人都不开心，工作的在想，要是当初我读研了，那肯定收入比现在高了吧；读研的在想，要是我早点工作，说不定现在已经是×××经理了。

又是一个围城。王朔看得真透："什么成功，不就是赚了点钱，被一帮孙子知道了么！"就算钱真的变多了，是不是要变为奢侈品，易耗品，房屋租住权，或者小三的月钱？满足了物质的欲望后，却满足不了自己内心的需求，于是继续空虚不满，周而复始……

真正的富有，是让自己的心灵得到满足，不攀比，不张望，专注于自己，用心钻研，用心生活。

人生有着多种选择，选择这条路，行！选择那条路，也行！最怕的是，你走着现在的路，还想着另一条路，时刻想着该不该跳过去，多少时间就在这蹉跎中错过了……

Stay hungry，stay foolish.

走自己的路，让别人说去吧。

庆幸自己没有理想

　　一年前，我的大学同学糖豆，因为受不了职场的尔虞我诈，毅然辞职去旅行，这种"毅然决然"的行为着实亮瞎了我这个上班族的眼。要知道糖豆所在的单位，是多少人争得头破血流要去的地方呀，糖豆却用一句话就结束了她的职场生涯，"我觉得再这么下去，我都快变成一个没有理想的人了"。

　　糖豆的理想是"好女孩上天堂，坏女孩走四方"。为了寻找遗失的理想，糖豆同学怀揣6万元人民币出发了。当她和一群驴友走进西藏无人区时，我和男友刚付了二十几万元首付，供了一套三环外的房子，糖豆说，我和男友就是典型的没有理想的房奴。

　　看着糖豆发回来的美妙的风景照，再听她讲旅途中遇到的各种有意思的人，原本还觉得生活挺有希望的我，顿时觉得自己就像生活在井底的青蛙，每天睁开眼的任务就是房贷。所以，当糖豆玩得风生水起时，我正和男朋友闹得歇斯底里。

　　人真是一种奇怪的生物，如果你身边都是和你同一阶层的人时，你不觉自己的小日子有多么的憋屈，但凡有人脱离了你们的队伍，你就会发现生活竟是那么的不尽如人意。我开始觉得房贷压力太大，开始抱怨男友不浪漫，而有理想的糖豆同学已经走完了中华大地，要向国际进军，她的第一站去了泰国，随后又去了印度，一路走下来，照片中的她越来越具有流浪气质，再后来，糖豆同学消失了，她唯一的联系方式——微博，也不再更新。我想她一定去了更远的地方，遇见了更多有意思的人和事。而我呢，依旧在朝九晚五地上班，唯一的惊喜是，我和男友都升职了，我们的房贷也接近了尾声。恋爱纪念日的时候，男朋友向我求婚，虽然没有999

朵玫瑰的浪漫，但那一句"嫁给我吧，我会好好爱你"，着实戳中了我内心中最柔软的地方！

蜜月旅行，我和男友选择了去泰国，偶然地遇到了暂居在泰国的糖豆，一年不见，糖豆早就没有刚辞职时的神采飞扬，她变得忧郁又刻薄，甚至还有点儿神经质。她不再给我讲旅行是她的人生理想，而是抱怨生活中的每一件小事，这些都是长期旅行带给她的负面影响。

分开的时候，糖豆说，也许我的选择是错的，可我回不去了。我突然想到一句话，没有理想的人，才能过上理想的生活。有理想的人，就一直在追寻理想。

我庆幸自己是那个没有理想的人。

心灵的小径

　　与小径的相识是在一个没有美丽只有忧伤的春天，那个春天涂满了苍白和忧郁的色彩。

　　也许人总是在失意时才感觉到人生的艰难和沉重。那个春天，心情一直在低沉中颓废。恐惧和沮丧使我的脾气变得越来越暴躁，甚至感觉如果生活中再有任何一点打击，我都会神经崩溃。

　　在心情极度消沉时，我常常一个人忧郁地走进那片朦胧着炊烟和雾霭的山谷，走进那条无人问津的孤独落寞的小径，没想到，我竟然喜欢上了小径。

　　小径蜿蜒在一片低矮的山丘间，在山腰间孤寂地穿行。以前小径是山里人家通往山外的便道，有了大道后就无人再踏了，于是小径就被人们渐渐地遗忘了。那曲曲折折的小路上铺着磨砺得发白的碎石子，石子大小不一，镶嵌在黑黄的山石上，很干净。

　　小径的左侧是一条沟渠，沟渠里流淌着从山岩里渗出来的若断若续的溪水。两边丛生着高高低低的荆棘藤蔓，隔不远处零星地站立着一两株桃树或杏树，还有枝干苍老而遒劲的柿树。沟渠下面是一片开阔的长长的林带，生长着笔直的杨树。

　　小径的右侧是一片低漫的山谷，上面是高低错落的苍松翠柏。松柏下面铺着厚厚的松针柏叶，踏上去软乎乎的很有弹性。也有一些天然的花草芊芊莽莽地夹杂其间，看上去和谐而充实。

　　小径就这样默默地躺在这里，恬静而安详。

　　我一个人徘徊在这空空的林谷中，四周静悄悄的，偶尔从树林深处传来几声野鸟的叫声，给这夜增添了一些阴森恐怖的气氛。

　　但是，对我来说，一切都失去了感觉。我踟蹰着，没有目标，没有方向，直到月上山巅。

月光静静地把一束束银色的光华抛洒在这片山林间，黝黑的林木映衬着泛着白光的小径。我在小径上狂跑乱舞，仰天长啸，哀伤低咽，悲声唳吼，像猛兽一样宣泄着自己的情绪，发泄着自己郁积在心底的再也无法压抑的沉闷和痛苦。然而那松柏，那丛草，那星星，那山丘都好像一个个冷漠的看客，没有任何东西来安慰我。

我躺在小径旁的草地上，透过枝梢看着那月光从身上慢慢地走过，才感觉到一种从来没有的冷静，渐渐地在脑海里悄悄地滋长，最后竟然让我在倏然间清醒过来。

山林是寂寞的，小径是寂寞的，它们曾经喧闹过、辉煌过。尽管世事沧桑夺取了他们的自豪和荣耀，但是它们却能够在失落和寂寞中默默地承受风雨的打击，承受由繁华到冷清的痛苦，那是一种勇气！

春去秋来，小径毫无怨言地坚守着自己的沉默，在空旷的山谷固守着那份自我，执着地在荒落的山野展示着自己的尊严。

岁月从容地走着，小径也在四季的轮回中依然着自己的风景。

春天来了，小径便幽静地躺在山花烂漫之中，安静地享受着春风的抚慰；夏天来了，小径被葱郁的林木包围着，享受林涛美妙的乐曲；秋天来了，小径在满山飘香的红叶中沉醉了；冬天来了，小径开始从激情中冷静下来，在沉默中等待雪花为自己披上一袭羽衣。

在繁盛与衰败面前，小径没有荣辱得失的喜怒，没有冷清与繁华的快痛。无论任何时候，他都保持着超然的沉默，成为一种境界，一种风流。

而我，普通得再也不能普通的沧海一粟，却不能承受生活的挫折和打击，却不能保持自己人生的底线，而在大自然的怀抱中唉声叹气，萎靡不振，自暴自弃，亵渎自己，那简直是在污辱自然的清净，玷污自然的纯洁。那是何等的卑微与怯懦！

人往往是在一个怦然心动的时候突发灵性而悟透人生道理的。疯狂过后的冷静，使我清醒多了，我无法容忍自己心灵的狭隘。于是，在一个个沉静的夜里，我和小径一样做孤独的舞者。在孤独的舞蹈中，我似乎变成了一只蛹，在长长厚厚的丝茧的包裹中，艰难地蠕动着躯体，一点点地捅破银色的恐怖。

梦在苦痛中挣扎成美丽的蝶儿，穿过卑俗的空谷，舞动着一个孤寂而圣洁的灵魂，飞向了黎明。

享受心灵的宁静

很偶然的一天，他点开了大学同窗好友亚楠的博客，翻阅着那些照片和文字，他惊讶地发现多年杳无音信的亚楠，选择了令人匪夷所思的一种生活方式——年仅45岁的亚楠，居然辞掉了公职，赋闲在家。

亚楠没做过官，也没经过商，似乎没有任何发财的经历，至今仍住着建筑面积只有55平方米的平房，他的妻子也只是海南省五指山下一个小镇上的小学老师，收入并不高。但他似乎对自己的选择非常满意，从亚楠博客里的那些阳光灿烂的照片，和那些快乐洋溢的文字里面，能够真切地感受到他无以掩饰的幸福。

怀着一探究竟的好奇，他拨通了亚楠的电话，亚楠爽朗的笑声立刻传过来："这么做的目的非常简单，我只想享受一下心灵的宁静。"

"享受心灵的宁静？你是在学栖居于瓦登湖畔的美国思想家梭罗吗？"我困惑不已。

"我不是想学谁，只是想让45岁以后的生命，更轻松一些，更自由一些。"接下来，他给我讲了促使他毅然做出这样抉择的一个小故事。

那年秋天，亚楠见到了从加拿大多伦多回国探亲的小学同桌。特别喜欢音乐的同桌，在事业刚刚有了一些成绩时，便突然宣布退休，不再登台演出。每天，只是在家中弹弹琴，听听音乐，或者到山林里走走，听听潺潺的溪水和欢快的鸟鸣，或者干脆就躺在一块大石板上，久久凝望蓝天上那一朵朵飘动的白云。那份超然物外的轻松和自如，让他真切地感受到，只有那一刻，身体和灵魂才真正地属于自己，而不是被欲望奴役着，不是被忙碌牵扯着。

亚楠问同桌是不是拥有了很多钱财后，才选择了那样一种生活方式。

同桌告诉他：其实，一个人要享受心灵的宁静，并不需要多少物质基础。只需淡化了物欲的渴求，让自己的生活简单一些，再简单一些，跟上灵魂的脚步，而不是去盲目地追逐欲望。

同桌的一席话，让原本在县城里做公务员的亚楠，不禁转头打量起自己的生活：每天陷入各种杂七杂八的琐碎事务中，看各种脸色行事，劳心劳力地平衡着各种似乎永远也无法平衡的关系，表面一团和气，实际暗中一直在纠缠着、争斗着，只为那显而易见的一点儿名利。这样没意思地熬下去，就是熬到退休，顶多也不过是官位升一点儿，钱多赚一点儿。可是，自己的心灵，何时才能享受到同桌所言的那种心灵的宁静呢？

几经踌躇，亚楠便在人们的一片惊奇中，卖掉了县城里的房子，在镇边买了几间小平房。开始过起了"城市里的田园生活"。

他在屋前种花，屋后栽树，还养了一群鸡。每日清晨，他会在那只芦花鸡清脆的叫声中醒来，顺着那通往乡间田野的土路散步，小草上的露珠打湿了腿脚，一朵无名的小花，会让他蹲下身来，细细地嗅出其间弥漫的泥土的味道。阳光升起的时候，他就坐在树下，捧一本书，慢慢地翻阅。困了，便依靠在那张捡来的别人淘汰的破旧沙发上，美美地打一个盹儿。

看到新奇的情景，比如一只忙碌的蚂蚁，一片茂盛的庄稼，他就会欣喜地按动像素不高的老相机。有了感想，他会抓起笔来，在随手捡起的一张纸上写写画画，再敲进电脑，贴进博客。没想到，在机关里一直写头疼的八股文似的材料的他，居然写出了许多读者喜欢的文字，他的博客点击量飞快地飙升，有热情的网友，还将他的文章推荐给报刊，竟接二连三地发表了，甚至有一家出版社主动向他约稿。但他一口回绝了："我的写作，只是记录心灵的颤动，从不为了发表。"

他不禁由衷地羡慕起亚楠的生活——那才是真正的洒脱：不为欲牵，不为物役，只听从心灵的召唤。

多么希望自己也能够像亚楠和他的小学同桌那样，抛却周围喧嚣的诱惑，一身轻松地走入旷野，看看那些自由的飞鸟，听听那些天籁，只是欣赏，什么都不为着，不是一种姿态，而是一种本真的自然。就像童年时，独自站在农家的小院里，仰望繁星点点的夜空，一任思绪飞扬。

携一片春色，去旅行

我虽深居简出，却难以抑制自内心的喧嚣。那是一些坚硬而功利的声音，禁锢并左右着我的意志，我便由此不得自由。或许应该说，我从未放下过我自己吧。

从书房里探出头去，满树的桃花攀上了枝头，闹起一片春意。田野间，农舍前，零碎地铺展开菜花的灿烂，还有临空飞过的几只雀鸟，和着午后的阳光，且舞，且歌。如此景象，竟把一颗心给弄醉了……

春在不经意间，缭乱了我的心绪。然而，这样一种乱，何其惬意何其好。比枯坐陋室，闭门造车实在好出个另一番意境来。

站在书斋之外的阳台上，放眼望出去，那山仍然是那山，却分明已生机盎然了，那树还是那树，而树的躯干，已经枝繁叶茂，缠绕在一片绿意之中了。即使仰天长望，那蓝若幽谷的天空里，浮动着大朵梦一般洁白的云儿，让人禁不住打开双臂，深吸一口宁静的自然之气，荡气回肠。

很快已是夕阳夕照，傍晚时分的天光逐渐收拢。在那十里蛙鸣之声环绕梦乡之前，我已经感到了幸福，感到了满足。感到独居深山的妙处。也许在某一天，我会走出这一切，开始我的长途旅行。然而，真正的旅行必定是从内心出发，历经时间的沧海，再重回我诗意的故土来吧。

心之旅行原来也是要选择季节的，在这样一个无法静默的春天里，带一片梦的羽毛出发，或许会邂逅数片晶亮剔透的叶子，或许将携一身花粉的香气，或许，我将经历神秘之旅，与一段山水之外的浪漫故事不期而遇……

噢，实在不需要有太多的设想，这样只能架构欲望。走就走吧，走出去就好，毕竟与风同行的日子是快乐的。留就留吧，即便把一片闹人的春意关在门外，能够守一片清爽，走过春天，便是让人心向往之的事情。

心之旅行，随时可以开始，却没有指定的终点。所到之处，生命如花，心若甘泉。或许根本就不用挥一挥手，去作别什么，西天的彩云自然会在恰如其分的时候，呈现给你一份悲壮而唯美的情愫。夜在刹那间走来，将一切欲望遮蔽，仅留下诗意，仅留下美。走一路，唱一路，诗一般的情怀，酒一般的痴狂。这样的青春，纵马狂奔……

从现在起，学会放下自己，携一片春色，去旅行。

心存美好

　　我八岁那年的春天，家里那头小牛犊也近两岁了，长得还算健壮。母亲说，可以让它下田犁地了。

　　于是，在一个大清早，哥哥叫上村里两个有经验的叔叔，牵着家里的牛犊去地里"驯牛"了。我跟着去看，因为这头牛犊，平时都是我放着的，我对它有一定的感情。

　　我知道，牛在耕作时表现如何跟"驯牛"至关重要。没有驯好的牛，日后耕田犁地就会很不顺心。这于人、于牛都是难受的事。我曾偶尔见过在地里干不好活的牛，被主人打得甚是可怜。

　　本来，出生后的牛犊一直自由自在、无拘无束惯了，现在突然要它负轭拉犁，它怎么也无法立时适应过来。正因为这样，驯牛时大人们都很郑重其事的样子，一般都要三四个人配合行动，而且，往往要驯上几天。在我们那儿，不时可以在春天的早上看到驯牛的情景。

　　到了地里，我看到哥哥他们首先把那个重重的、半圆形的牛轭套在那头牛犊的脖子上，牛轭上的绳子连接着犁铧。它本能地扭动着脖子，显得很是不安的样子。然后，他们一个在后面一手扶住犁铧，一手扯着缰绳，慢声驱赶着它拉着犁铧往前走，另外两个站在前面，一边一个用手紧紧地抓住它的辔头，用力拉着它往前走。

　　很快，大人们累得大汗淋漓，那头牛犊也气喘吁吁了，在旁边看得我也跟着紧张起来。驯牛，不仅要驯得它能适应脖子上的牛轭，拉得动沉重的犁铧，而且要驯得它走得直，四只蹄子迈下去既矫健又笔直，这样犁出来的地才均匀有序。特别是不要它有退步的习惯，否则它的脚就会被锋利的犁铧所伤。当然，更难的还是驯服牛犊到了地头知道调头转弯，不至于在调头时绊住缰绳，或者方向大乱。那些被驯服的牛一到地头，主人一拉缰绳，一提犁铧，它们就知道按主人的提示调好头，它们听得懂主人的每一个提示和吆喝。

跟别的牛犊一样，我家里的那头牛犊在那个春天驯了三个清早后，也能够神气自如地负轭于田野中了。回到家，我问母亲，为什么我们驯牛都喜欢选择阳光明媚的春天清晨？

当时，母亲看着我，慈爱地笑着说："孩子，因为春天往往是美好生活的开始，特别是春天的清早，更带给我们无尽的希望和信心。置身于春天之中，即使是不会说话的牛犊，它们也能感知春天的勃勃生机。这样，由于牛犊是在美好的春天开始它们的耕作，它们便能更愉快地去面对并胜任它们辛苦而崭新的生活，从而成为我们的好帮手。"后来，这头牛犊果真成了耕田耘地的好家伙，用起来特别得心应手。

时隔多年，我仍然难以忘记当时母亲所说的那番话，同时也让我深深领悟到：一个人，心存美好，那么他所看到的世界，往往是充满鲜花和欢乐的；他所收藏的记忆，往往是生活里真善美的那一面；他所给予别人的，往往是真诚、善良的帮助。而且，心存美好，我们也会更有信心和力量去面对生活中的挫折、工作上的失意、前进途中的困难，不至于偶遇风浪便怨天尤人，甚至一蹶不振。

是啊，心存美好，从美好出发，我们便能拥有坦荡而亮丽的人生路途。

为生命做好准备

那年的枫叶之旅，在你记忆中只留下了与枫叶无关的事。

你记得旅程的最后一天，被我从睡梦中叫醒，抱到小旅馆的隔壁房间，有一位亲切的伯伯，帮我们拍了照片。那是来自九州岛的一对夫妻，同住在南禅寺边的小旅馆，每天吃早餐时会遇见，客气地聊上几句。他们知道我们从中国台湾来，他们觉得你是他们看过最可爱的三岁小孩，所以在分手前，一定要帮你拍张照片留念。现在那张照片是被细心放大后寄来的，就摆在书桌上。

你还记得你总是不愿意乖乖穿上那件蓝底有小白圆点的外套，每次要你穿外套你就闹。除此之外，就没记得什么了。

你知道去高山的时候，有长长的石阶，你迈着小小的步子，坚决勇敢地自己爬了上去，没有要我抱，路上的日本太太们看你勤奋的样子，都靠过来说："加油！"这件事你知道，但不是自己记得的，是听我们说的。至于走了十几二十处名胜，风姿颜色多样变化的枫叶，你也是后来看相片才晓得的。

有趣的是，那次到京都，先在火车站边的饭店住了一晚，第二天一早换去南禅寺边风味独特的小旅馆时，搭了一辆出租车，出租车司机问起你的年龄，听说你三岁，他回应："日本有句谚语说：三岁时眼里看见的东西，留到八十岁都不会忘！"

看来，谚语讲的是期待，而不是事实吧！不只是你，我对自己三岁时的事，也都没什么印象，我认识的人，也没有几个记得自己三岁时的事。还是说，要到八十岁，这些童年眼底的印记才会神秘神奇地复活，突然通通记得了？

大概不会有那么好的事。人生残酷的事实是：三岁那年你虽然去了京都，看了枫叶，但你的感官和你的记忆还没有准备好，所以枫叶美景来不及跟你的生命发生具体深刻的关系。那年的京都、岚山、高山、太原，你去了，但这些地方却没有进入你的生命，成为你生命的一部分。

　　这件事一直在我心中，成为提醒、警惕。人的生命有什么没什么，往往不是取决于我们去了哪里、看了什么，而在于去到看到时，我们的内在感官与记忆有多少准备。生命的丰富与否，与外在环境的关系，还不如跟自己的内在准备来得密切。

　　很多人没有准备好自己的眼睛，就算到了卢浮宫，也装不进任何东西到自己的生命里。很多人没有准备好自己的耳朵，在音乐厅一样听音乐会，他就不会有感动，不会有愉悦，不会有音乐冲击出来的体验。很多人没有准备好自己的心，他就无法感染别人的痛苦、别人的兴奋、别人的快乐。活在这个世界里，不同的人会和世界发生不同的关系。

　　我希望你早早准备好，开放自己，让世界的丰富，通过感官与想象，都变成你生命中的丰富。

没有观众也无妨

匈牙利首都是布达佩斯。原本有两座城，一座是布达，一座是佩斯，后来合并为一个布达佩斯。

抵达的第一晚，我爬上山丘去渔夫堡。气温摄氏4度，全身裹得紧紧的。来到城堡下，抬头只见强烈的灯光把白垩堡照得白灿灿，在夜空下像堆积成山的圣洁枯骨。再爬几步到阶梯口，听见琴声。原来是街头艺人在拉小提琴。

我拾级而上。她站在阶梯顶端拉琴，面前摆着琴盒，后头石台上坐着一位4岁左右的小女孩。她们是母女吧。不知她把女儿带过来，是想博取同情换得更多赏钱？还是家里无人照顾，只得带女儿一起受寒风讨生活？女儿穿着质料不好的红衣，脸冻得通红，衬着白垩墙身，像暗白肌肤龟裂渗出的鲜血，凝冻眼前。

我身旁有两三位游客，大家都没投钱，一径往上爬。

我爬上她们身后的城堡，瑟缩在墙后避寒，耳畔仍依稀听见琴音荡漾。探头往下望。时间已晚，整片阶梯没游客，但她仍不停拉琴，不知拉给谁听。

待琴声停歇，女儿拍手，声音小得听不见，只见苍白小手在空中挥动，没有掌声。妈妈拉起下一支曲。

我继续望着，阶梯还是没人。女儿甩着腿，一荡一荡。风刮起，几片黄叶飞落妈妈面前，女儿立刻跳下石台奔去，小手忙着捡起黄叶，从阶梯边缘往下丢，像在替辛苦拉琴的妈妈维护一座干净舞台，连落叶也不得侵犯。

接着她把琴盒东挪西挪，确定摆得很正，才满意地爬回石台上坐好，听妈妈继续拉琴，在寒风里向着没有观众的整片虚空……

　　她们这样，许久许久。好像没有观众无妨，再黑再冷无妨，只要妈妈拉着琴而女儿听着，她们就置身一座最好的舞台，自成一座完满的宇宙。

别拒绝他人的善意

　　每每开展关于帮助她的主题班会，同学们都会异常团结。最让人感动的是，几年间，她从不曾对谁哭诉过她的一贫如洗的家庭，更不曾抱怨过自身的种种不幸。相反，她的乐观，豁达，乐于助人，深深感染了周围的所有少年。

　　记得有一次，隔壁班的坏男生笑话她是弱智，并在楼梯间里故意将她绊倒，告诫她，这条路，是聪明人才能走的，以后，她再不能走。这件事，她始终守口如瓶，整日欢笑着与班里的同学一同来去，只是，每每走到那个楼道时，她总是不经意地撒开了她们的小手，独自走向另一边稍远的楼道。

　　事情终于还是让班里的同学知道了。那天，我头一次见后排的男生们如此团结，硬拉着她去走那条稍近的楼道。她被人群簇拥着去了，走着走着，簌簌地落起泪来。

　　那个坏男孩再没敢欺负她。

　　临近毕业，班里人无不暗自伤感。尽管几位高才生连番上阵为她补习功课，但大家心照不宣，似乎都已经早早预料到，这位让众人心生怜悯的小妹，将要在高考中名落孙山。

　　事如所料。填写志愿那天，她逐一邀请了班里的所有同学，哽咽着说，这几年，她一直想找一个合适的机会报答大家。她实在想不出办法，只得每日积攒零花钱，好在这个喜庆的日子里，请同学们到门外的餐馆里大吃一顿。

　　那天，班里好多同学都哭了，可最后却没有一个人前去赴约，因为没有一个人舍得花这样的钱。如此暗藏悲怆而又饱蓄大爱的饭啊，叫我们如何下咽？

　　时光毫不留情地将我们推散，各自奔向了天南海北。尽管生命中先后出现了无数的面孔，但对于多年前的那个弱小坚强的女生，心中还是保留着一份挂念。只是，历经世事之后，忽然对昔日的自己，有着深深的无奈与愧疚。

　　当年，如果我们能忍住泪水，欢喜地吃下她郑重邀请的那一顿饭，那么，即便她从此一生黯淡无光，也可以在惨淡的记忆中自豪地追想，很久很久之前，自己曾那么拼尽全力地回赠过那些帮助过她的人——那是多么光彩而又值得骄傲的事情啊！只可惜，这最后一次足以给往后岁月带来慰藉的机会，也被我们执拗的善意，击打得支离破碎。

灿烂白菜花

朋友送给我一盆枝繁叶茂的栀子花，洁白的花朵吐露着浓郁的芳香。我将它摆放在客厅的一角，整个房间便弥漫着一种怡人的气息了。可是在花谢之后，那盆原本长势旺盛的栀子花，竟然一天天地枯萎下来。最后，在它的枝条上只剩下几片病恹恹的叶子，令人感到怜惜。

朋友见了之后，朝我笑着摇了摇头说："你也就适合养那些'死不了'吧。"

我这个人虽然喜欢花草，却不懂得护理，再加上见不得它们在繁花之后的衰败，所以家里摆放的大都是一些诸如吊兰、仙人掌之类生命力顽强的花卉。

其实，我的内心最喜欢的是那种性情朴实而又坚韧的白菜花。记得以前，每到正月前后，我家的那张老方桌上总会摆着一棵开着淡黄色小花的白菜花。

屋外寒风凛冽，白雪皑皑，而室内那棵白菜花却像金桂一样，灿烂地绽放着娇小的花朵。从白菜心里脱颖而出的茎叶，则绿得惹眼，犹如翡翠雕刻而成似的。那些小花一簇一簇的，不知疲倦地轮番开放着。它们散发着淡淡的清香，给人一种温馨而亲切的感觉。

在我的眼里，白菜花就像是一个可遇而不可求的朋友。小雪前后，家家户户忙碌着从菜园里往家收白菜了。从那一刻起，我就开始细心观察那些白菜，希望能够发现一棵心里开花的。当然，结果总是归于失望。母亲见了，便会在一旁笑着数落我心急。

那些白菜被贮藏进菜窖之后，或许是因为温度适宜，总会有几棵不甘寂寞的白菜，在心里偷偷地酝酿起一个开花的梦。于是，它们的身体开始膨胀起来。

　　这个时候，就很容易发现它们的秘密了。只要一层层地剥去包裹在外面的菜叶，就会显露出绿玉般的茎叶，和一簇簇含苞待放的小花蕾。然后，用刀平切掉白菜的根部，立着放在一个盛满清水的瓷盘里，一棵婀娜多姿的白菜花便诞生了。

　　白菜花的一生，我们不用为它担心养分，更不必对它刻意护理。只要瓷盘里还有一滴水，它们就会顽强地舒展着茎叶，盛放着花朵。它们的身形无论以何种姿态出现，都会那么自然和生动。

　　曾经，跟几位书画界的朋友坐在一起聊天的时候，我这样问过他们："自古画花草者无数，怎不见有人画白菜花呢？"

　　他们听了之后，都哈哈大笑起来。很显然，他们是把我的这个疑问当成了一个笑话。

　　是啊，白菜花比不上牡丹的富贵，也比不上梅花的傲骨，更比不上荷花的高洁。然而，白菜花在贫瘠的环境里，仍能够坦然绽放出生命中最灿烂的一面。那一缕缕淡雅的芬芳，虽然很难赢得人们的赞美，但它仍真诚地释放着生命最真的气息。

　　白菜花，用平凡而坚韧的生命，默默地装扮着属于它们的那一块天地。这就是我喜欢白菜花的一个真正的原因吧。

　　想来，在那些朴素的花香里面，是否也蕴含着一些丰富的人生哲理呢？

关于人生的比喻

　　在自然界里，鲑鱼是人们最熟悉的逆流动物。每年产卵，它都要千方百计地流向出生地。路上会遇到很多困难充满血腥，除了艰辛的逆流而上，还有等在河边饱餐的灰熊、数以万计的鱼雕。在路上，鲑鱼几乎要耗尽所有的能量和储备的脂肪，然后它们将完成它们生命中最重要的事情，谈恋爱，结婚生子，最后安详地走向死亡。

　　南极的帝企鹅，每到交配季节，就会成群结队，在南十字星座的引导下，向自己的出生地准确无误地前进。

　　甚至，成千上万的王斑蝶每年飞3200公里，从美国和加拿大的繁殖地到墨西哥中部山区，而它们是前一年春天从墨西哥飞回的那群蝶的孙子！

　　这些动物，无疑都在讲述着一个古老的生命法则：生命的每一次新生，都是需要追溯的。而且这个追溯，除了辛苦，还隐含着态度与品质。天鹅可以在八九千米的天空中展翅十多个小时，比起普通鸟类的四五十米，如同奇迹。但当它落下时，却总是温和而谦卑地弯着头颈。

　　动物的故事，总是如此的简单朴素。它们保留了古老物种的生物本能，保留了人类正在遗忘和忽视的某种技巧。现在的草原牧民，也很少再年年迁徙，残留在人身上迁徙的本能，大多只是一些记忆的虚线了。如童话所言，孩子洒落一路的石子，找回密林中的家，我们则凭此虚线，回望走过的旅途。在回忆、反省、藏匿、负重等等心理状态上，动物的回家，为人类展示了通俗易懂，形象生动的画面。

　　好久以前，我曾对朋友感慨，人的一生可能12岁就过完了，以后延续的，不过是我们未解的疑问而已。后来看到比利时作家弗朗兹·海仑斯说的话："人的童年提出了整个一生的问题，但找到问题的答案，却需要等到成年。"惊喜又感动，这样的话，和动物一次次回到出生地，是多么的异曲同工啊。

有个女朋友，电话里对我说，自己开始写回忆录了。"不知道怎么的，就想起童年的事情来。我相信现在的我，的确跟童年大有关系。"我开玩笑："完了，你老了。"其实她一点也不老，只是生命中碰到了难题。

我理解她的变化，知道这份思考，必定是一次新生的需要。重温过去，学会反省，就包含着再生的希望和可能，它会使生命转化为更加隽永与纯粹的形式。

从这个角度讲，我喜欢将人生比喻成一棵倒长的树，虽然枝条很多，根却只有一个；虽然一切都在消失，记忆却在指明着来路；虽然一次千辛万苦的逆流之后，我们找到了某个问题的答案，上帝却又转眼将原来的谜底，变成了崭新的谜面。而最终回归内心的生活方式，正是人生这棵树隐秘生出的根须，它们暗自向上生长，充满了不可视的悬念。

安静人生

去拜访一位事业有成的老同学，坐在宽敞豪华的办公室里，他电话一个接一个，进来找他的人络绎不绝，忙得连说话的工夫都没有。他自我感叹：自己好像是在为别人而活，整天静不下来，活得没有一点自我，更别说什么自在。

安静，是一种美好的境界，恬静、安宁，如一泓秋水，映着明月。如果你站在城市的立交桥上往下看，满眼的车水马龙，满眼的行色匆匆。如果你身处社交场所，充耳的是股票、期货、房价、车价、油价、菜价等等海量的社会资讯。在这纷繁的世界里，人们的欲望形形色色，物质的追求近乎疯狂，生活的节奏好似陀螺，心态的躁动宛如汤沸，使得不同阶层的人们难得安静。不论达官贵人、巨贾富豪、鸿儒学子，还是工匠艺人、贩夫走卒、平头布衣，无不为名奔波，为利忙碌。

周国平曾写道："人生最好的境界是丰富的安静。安静，是因为摆脱了外界虚名浮利的诱惑；丰富，是因为拥有了内在精神世界的宝藏。"我觉得，这是智者的选择，是一种由里及外的安静，是心灵的需要。我理解的丰富，是一种冷静的智慧，是历经磨砺的累积，是岁月沉淀的内涵；而安静，是洞察世事的心情，是对事物无声却深刻的审视。

在当今社会，要想保持安静的心态是十分不易的。当你受到误解，并因此而影响到你的声誉和进步，这个时候，你能否安静，能否泰然处之？当你周围的朋友，一个个都发了财，宝马雕车香满路，灯红酒绿乐逍遥，这个时候，你能否安静，能否依然独伴青灯，一瓢饮，一箪食，在陋巷？当你的同事，一个接一个升官提职，大家在一块欢欢喜喜，而你却十几年、几十年依然故我，这个时候，你能否安静，能否还兢兢业业，任劳任怨，默默地奉献？

安静是智者修行的境界，是心灵闲适的享受。在时尚的鼓噪声中，让我们痴痴地守住那份安静，在都市霓虹环绕的风景线一隅，在滚滚红尘的外围边厢，以仰首望月、低头看蚁、躬身浇花、关门读书的怡然境界进入一个大千世界。一个人只要拥有这样的安静，人生境遇再变幻多舛，其内心依然安谧、澄澈、淡泊如林间山泉。

不圆满的老宅子

在我所生活的城市，城北面有一处老宅子"九十九间半"。

清代先民的私人住宅，在那片房舍里，一个个天井，分割出一方方既独立，又有联系的天空。

还差一点点，就凑成一个整数，离那个皆大欢喜、功德圆满，只差半步。我不知道，当初规划建造这套房子的主人是怎么想的。

许多地方有"九十九间半"，小城的这一片鱼鳞屋脊，似一件老旧的布衣长衫。房子的原主人姓周，当初从贩卖鸭蛋的小本生意开始，一枚枚光滑青润的鸭蛋，垒就他人生财富的连片青砖小瓦。我们这座城市，从前小城人称年老的男子为"爹"，这与距离50公里外的扬州人称"老太爷"，明显的有短促、情急、质朴的憨痴味道。

周爹在世时，乐善好施，曾给晚辈留话，"勿做官、勿开典、勿营钱庄"，在老宅子里无疾而终。世事扑朔，到了他儿子这辈时，忘了父亲训诫，捐官、立典肆、开钱庄，荡尽家产，将此宅卖给当时还没有老的吴爹。

吴爹曾任广东监盐大使，回归长江下游北岸故里后，购其居所，将门庭拆除，在原宅的基础上，修建了后来的九十九间半。就像一篇文章被接手后，内容和结构，被修改润色得更加丰满与精巧。

老宅门前有一对石鼓，不知经历过多少双手的摩挲，包浆饱满。门厅砖雕，仙鹤松鼠，扑腾着欣喜。

"九十九间半"，有过爱怨情仇的私人生活。走廊檐下，人影幢幢，性子急的，还会在拐角处，与对面走过来的人撞个满怀。下雨天，虽然不用打伞，但心情是湿的，气派的八扇玻璃木格门窗，倒映一庭烟树。

有些东西，总会几易其手。一处庞大的宅子，在经历了几百年沉寂之后，呼啸而来。用心倾听，会听到与岁月空气微微的摩擦声。

小时候，那半间留给我一个悬念和遐想。后来才明白，房子的存在，就像一道规矩不可逾越。等于或大于100间，你就可能过于炫耀。房子显示一个人的处世态度、行事风格、性格以及说话语调。

每一个房间里或许都会有一个故事，每一个房间里曾经住过一个人，每一个房间里曾经有过温婉流转的眼神。庭阶寂寂，有过空庭之月或空庭之花。别人的故事，或许还有半个，会成为秘密，尘封在院落某个不起眼的砖缝苔藓间，并不为人知道。

人生本来就是一道算术题，创业积攒、守业拓展、兄弟分家、千金尽散。加减乘除，演绎这样一个家族兴衰的微缩版本。房子纵有再多，自己只能住一间，而真正属于心灵私密之处的，才是那半间。

暖心的半间最好，有日头的朗照，微风细雨的轻飘，花香暗自墙角来，浮尘渐次远烦恼。

"九十九间半"，总有一丝缺憾和希冀留在尘世上，剩下的那半间，就像一个光洁的瓷碗，留下的微微豁口，人生并不是所有的事情总是那么圆满。

第四辑
不放弃自己的好

他肯定是知道自己的好，
便始终不肯放弃对自己的拔节。
外界的纷扰如此多，
他却从来没有放下对自己心灵的调教。

把握当下

　　上学时，上课盼着下课，感觉时间像个迟暮的老人，蹒跚地挪步。坐在教室里看看书，写写字，很是无聊，身体被圈固在教室里，灵魂却在自由翱翔。成天胡思乱想，想着赶快毕业，快点工作，自由自在地多舒服。

　　上班了，每天忙忙碌碌，脑子绷得像一根弦，睡觉都得小心翼翼，害怕一不留神就会断裂。一眨眼，一件件工作便摆在眼前，该做的事情还没做完，一天就接近了尾声。感慨时间过得太快，怎么都不停一下让我做点想做的事情，哪怕是安静地想点什么。

　　上学时，每天翻着教科书、课外书，心生厌倦，埋怨怎么会有这么多书要看，怎么会有这么多东西要学，什么时候可以不看书，什么时候才能远离书？于是盼望着赶紧上班，把这些书本全都抛到月球上去。

　　上班了，每天四处奔波，好长时间不曾看过一本书，肚子里的墨水很快被社会吸食得精光。偶尔整理书桌，看到曾经看过的或是买来就丢在一边翻都没翻过的书，心中百感交集，好想坐下来认认真真地读上一本书，好想重新汲取一些专业知识，可是已经赶不上时间的步伐了。

　　上学时，每到周末，邀上几个好友去逛街去嬉戏，或是在家看上一天电视，睡一整天觉。尽管如此还是抱怨，周末真没意思，等以后上班了，每到周末，我都要去哪儿哪儿旅游，去吃最好吃的东西。

　　上班了，却没有周末了，为了一点可怜的加班费，为了能在公司站稳脚跟，为了不至于在竞争中被淘汰，周末也得加班至很晚。睡觉都是很奢侈的事情，别说看电视和逛街了。每天早上醒来，望着镜子里那黑黑的眼圈，都忍不住说：每天能睡到自然醒该是多幸福的一件事啊！

　　上学时，天天早上被母亲从被窝里拽起来吃早餐，看着桌上的红豆粥，鸡蛋饼，豆浆，煎饺，嘟囔着嘴对母亲嚷：天天吃都吃腻了，还不如不吃了省点时间睡觉呢！

上班了，早晨匆忙地梳洗一下便朝地铁站飞奔，在路边的小吃店随便买个包子油条，一边等车一边啃，每每于此很想念母亲亲手熬的粥，那是何等的香甜啊！

上学时总是畅想着上班后的生活多么美好，上班后又总是回忆上学时那无忧无虑的时光。就好比：恋爱时总是畅想着结婚之后的生活该是多么幸福，结婚后又总是想念恋爱时的浪漫与甜蜜；年轻时总想着若干年后衣食无忧的生活是多么幸福，年长时又总是想念年轻时的激情与斗志。

我们总是喜欢畅想未来和缅怀过去，唯独喜欢抱怨现在。梦想总是美好的，回忆总是难忘的，可当下才是更重要的。把握当下，珍惜现在，精彩地活着，也许有些梦想实现不了，但至少要给自己留下一个美好的回忆。

撑　　船

　　家乡有条不大不小的河，也就是现在的淮安翻水站引河——新河。在没有建翻水站之前，平时的水面在50米左右，水深在35米上下，两边是美丽的河滩，河水清澈。作为生长在这条河畔的我，少年、青年时在这条河里发生了很多故事，而在这条河里撑船却是我印象较深的。

　　1966年秋，14岁的我小学毕业回乡务农，随着比我大12岁的哥哥到离家近10公里的白马湖筑草渣。开始我拉纤，但到了桥或闸处，当船距离桥还有一段长长的路时，我就站到桥上，将那纤绳收拢起来，弯下腰，往桥下的另一端抛，一下，两下……就是抛不过。哥哥在船上看着，不仅急，而且担心，他无奈，就让我上船，他上岸拉纤。这大概就是我第一次撑船。第一次撑船，哥哥将撑船的技巧给我讲了一遍又一遍，我也照着做了，可就是不行。因为我那一篙撑下去，再起篙时还是没有把握用力一推再使劲一拉的巧劲，因此拔篙时往往拔不起来，甚至还将本来行走的船给拉停下来，有几次差点连人都被竹篙带到河中。

　　傲然立在船尾撑船别具一种气韵。自那次撑船后，这种感觉就存在我心里了。每看到大人们手不着力似的扶着长篙，偶尔撑一下，更多时间只把它搭在水中控制方向，以至于不像是撑船，倒像是在水上漂，"一叶扁舟，任意东西"，真的让我羡慕不已。

　　之后，逼着我学会撑船的大概是流行的一句话：不会用篙撑船，就算不得地道的庄稼汉。那些人每次说这话的时候好像就是针对我的。他们一边说着，一边都要朝我看上几眼。一次次听了这句话，我受不了，就暗暗地下决心学，每遇到机会，我都会上船撑上两篙。而那些叔叔、大哥哥们也不保守，都主动向我传授撑船要诀。

俗话说，凡事在于用心。时间不长我就掌握了调整方向，若想让船向左便轻轻让在船尾的长篙在水中也往左摆，反之亦然。摆度越大，船偏转的角度也就越大。

新河长年水不深，生产队的木船又不大，2吨多一点，划船不用桨，撑船人仅靠一根长篙，筑好一船渣，往返于林集与白马湖，可不是件容易的事，窍门是一方面，更重要的还要能吃苦，有耐力。炎炎夏日，骄阳似火，赤身露体，只穿着短裤头，光着双脚，双手拿着篙，起篙、下篙，两只手交叉在篙上使劲，头上的汗水滴到身上，又从身上滴到船板上；到了隆冬，面对着冰冷的河水，寒冷的北风，拿起那根又长又粗的船篙，如果河里有冰则用篙大头敲敲冰，然后再把篙小头点点水，双手抹抹篙上的水，开始撑船，撑着撑着，船篙上就有冰碴子了。

用竹篙撑船，竹篙的选择很重要。长短适宜，粗细适中，有韧劲，有硬度，"想当年绿叶婆娑，现如今青少黄多，经历多少风波，承受多少折磨，不提起倒也罢了，一提起泪洒江河。"这是竹篙的谜。好的竹篙握在手中，大有徐志摩手中的那支笔一样神奇，挥洒之间，便会咀嚼到"寻梦？撑一支长篙，向青草更青处漫溯；满载一船星辉，在星辉斑斓里放歌……"的诗意。

回忆是生活的再现。俗话说，世上三样苦，撑船打铁磨豆腐。然而，几十年过去了，现在再回忆，由于经过时间的抚摩，弥合了伤口，让人忘记了撑船的痛苦，甚至还萌发出再去寻找快乐的支点，去撬动人生，撬动地球呢。

是的，人生其实就是一艘航行的船，有风亦有浪，但只要你把握住一根撑船篙，这只船行起来就会有力量，有希望。

冲破罗网

　　我家旁的石谷山上有座石谷崖，崖下林木茂盛，一条山涧直通山下。每当日出照林，山风催雾，风光如绘如织；百鸟朝聚，欢唱和鸣，悦耳爽心。这天早练完毕，我站在石谷崖观赏山景，觉得鸟声没有以往清脆，探头下望，只见一条大丝网如横幅般拦截在山涧之中。网上粘着各色各样的鸟，有的刚死，有的挣扎，有的早已枯如黄叶。不用想，肯定是新来的场主干的，企图网捕野鸡、斑鸠赚钱。

　　一只黑色的小鸟从山下向山上飞来，它越飞越靠近丝网。突然，山林中一只大鸟迅速冲出，它一边冲向网旁，一边激烈地叫唤，意思是叫小鸟向上飞过丝网。小鸟昂头起翅，竖起身子拼命向上飞，终因力量不足，一头撞在网上。大鸟万分惊恐，抬头直冲天空，它盘旋、往复、嗷叫，但都无济于事。过了一会儿，大鸟突然猛夹双翼，如闪电般直劈丝网，丝网被冲开一个大洞，但大鸟的双脚也被丝网粘住。大鸟倒挂在小鸟的身旁，它没有挣扎，没有声息，任凭小鸟呼叫，大鸟没有回应。大鸟知道必死无疑，呼叫只能更加痛苦，不如寂寂归去。

　　就是这样悲惨，可这还不是结局。突然间，东南方向黑压压一片，千百只鸟高声呼叫，飞入山林。顿时，山林一片嘈杂，嘈杂过后，寂然无声。只见一只大鸟带着群鸟，如阵雨，如密箭，如群牛狂奔，直冲罗网。瞬间，森严密布的罗网，被冲得百孔千疮。一部分鸟冲过去了，一部分鸟被挂在网上。那冲过去的鸟很快聚拢又反冲过来，除了两三只鸟在空中盘旋，其余的鸟就像墙上涂了一遍墨一样全挂在网上。我第一次感受到鱼死网破的悲惨情景。山林死一样寂静，那挂在网上的鸟没有挣扎，也没有一点声息，它们在静静地等待死亡！

　　没过一会儿，天空中的鸟突然大叫起来，网上的鸟随着叫起来。它们用嘴啄，用脚蹬，用翅膀打，拼命挣扎。那本来被冲得破烂不堪的网，经它们一阵折腾，眼见得窟窿变成大洞，大洞变成碎片，一块块落到地上。它们又啄断丝绳，拍着翅膀，一只只，一群群飞向了山林……

别浪费你的热情

一个大雨滂沱的傍晚，百货店售货员菲利见一位浑身被雨淋透的老妇人，步履蹒跚地进店里躲雨，就主动和老人打了个招呼，还给老人搬了把椅子。没人知道这个衣着朴素的老妇人就是亿万富翁、"钢铁大王"卡内基的母亲，菲利和在场的所有售货员更没想到，他这样一个小小的举动，却赢得了一个千载难逢的机会——他成了卡内基的左右臂，从此走上了一条金光大道。

我们无法不承认，菲利以后所取得的成就与他个人的努力息息相关，但谁又能否认与卡内基母亲的"美丽邂逅"是他成功路上的一个契机呢？假如你是当时在场的一位售货员，你会不会给那位衣着朴素一脸狼狈的老妇人真心诚意地搬把椅子呢？你是不是有颗像菲利一样热情、善良、负责的心呢？我想答案未必是肯定的。

一位心理学教授到疯人院参观，了解疯子的生活状态。一天下来，他觉得这些人疯疯癫癫，行事出人意料，可算大开眼界。正准备返回时，却发现自己的车胎被人卸掉了。"一定是哪个疯子干的！"教授愤愤地想。他动手拿备用胎准备装上。这时，更为严重的情况发生了——卸车胎的人居然将螺丝也扔掉了。没有螺丝有备用胎也上不去啊！教授一筹莫展。就在他焦急万分时，一个疯子蹦蹦跳跳过来了，嘴里哼着不成调的欢快歌曲。他发现了困境中的教授，停下来问教授发生了什么事，需不需要帮忙。教授懒得理他，心想："你个疯子能帮我什么忙！"但出于礼貌还是告诉了他。疯子哈哈大笑道："我有办法！"他从每个轮胎上面卸下了一个螺丝，这样就拿到三个螺丝将备用胎装了上去。教授感激之余大为好奇："你怎么想到这个办法的？"疯子嬉笑着道："我是疯子，可我不是呆子啊！"

不妨做这样一个假设：如果教授当时没告诉疯子自己所面临的困境，或干脆没搭理他，那他至少得浪费比说几句话更多的时间。他也许压根儿不会想到，几句热心的话竟会帮上他的大忙。

热情永远不会浪费。再细微的事只要你用心去做了，就可能有意想不到的收获，菲利在为那个落魄的老妇人搬椅子的时候根本就不会想到这个善意的举动会改变他的一生；而如果你没做，就可能付出更大的代价，假如那位心理学教授没理会那个疯子，他可能要花好几个小时修理他的车。

不放弃自己的好

　　表弟今年33岁，风华正茂，事业有成，家庭幸福。我是亲眼见证他这些年从无到有的过程，想来也是倍感艰辛和苦涩。

　　读书的年月，表弟和我们大部分孩子不一样。他性格内向，涨水的季节，偶然会去摸摸鱼，多数时候会待在阴暗冷清的屋子里，专心翻他的那些课本。那个年代的农村孩子，基本上没有可供娱乐的地方，课外书籍也很少，因此，三五成群地在野外疯玩便成了释放的唯一渠道。我们不屑于他这个样子，便常常趁他不注意，将他的课本夺了过来，然后在空中抛去抛来。表弟也不争辩，斯斯文文地看着我们。哥哥便说，你书中难道有金子不成？

　　18岁，表弟进了大学。虽然只是二本，但那也是很不错的结果了。临近高考的一天里，姨父从工地的脚手架上摔了下来，当时七窍出血。耗空了家里全部的积蓄，还欠了一屁股债，才勉强将姨父从死神手里夺了回来。表弟忍着那个年龄段不该承受的悲伤，咬牙走上了考场。

　　家徒四壁，再也拿不出来一分钱给他交报名费。当时4千多元的学费，全部是我们这些亲戚大伙帮忙的，衣服也是我哥哥穿剩下的，由于太瘦，衣服架在他身上，空空荡荡的很是凄凉。大学4年，表弟不谈恋爱，更不会逢年过节地带同学回家。当然也有心动的女孩，他便轻轻放在心里，不打扰，很安静。他好像也从来没有刻意地去表达自己将来的意愿，他只是觉得他不应该用父母、用亲人的钱去浪费在那些奢侈的饭局和聚会上。

　　他是个很奇怪的孩子。从来没有天生自卑的孩子身上那种特有的暴喉偏执，一切都是安安静静的。放假回家，他窝在被窝里看电视，黑白电视，上面的雪花点多过画面的显示，但他一个人乐得合不拢嘴。有邻居从屋旁走过，听到屋里传来的笑声，便会挖苦：家里穷得趴垫子，居然还有心思看电视。我姨气不过，眼泪汪汪的样子。表弟就安慰她：这只是我们生活暂时的样子。没什么可哭的。

我也曾目睹过一个贫穷人家的孩子，为了捍卫自家的尊严，拼命和人打架，以期博回失去的脸面，最后却是无端又低了三分的样子。表弟为什么就和他们不一样呢？

大学毕业，表弟对我说，他只想去两个地方：上海、杭州，二者择其一。没有人作陪，也没有人指点。他一个人踏上了去杭州的火车。兜里揣着的，依旧是我们给他凑上的路费。手里提着的还是4年前的那个旧行李箱。那时候，和他一起成长的我，因为无心学业，已早早成了家。在他临上火车的那一刹那，我突然发现，其实我也应该可以这样去远方。小时候的我，成绩比他还要好。

杭州是表弟除了出生地之外的第二个故乡。11年里，他从未远离过这座灵动优雅的城市。仿佛前世的根就在那里。他一路经历了从超市，到小公司，再到大集团，直到最后扎根于华为集团的动荡岁月。去年，仅仅在姨父提供了9万块钱的资助下，他在西湖边上买了一套80平方米的房子。前几年，他娶了老婆，一个经历4年热恋，直到要结婚的那个春节，才让亲人知道姓名的女孩儿。他说那是个值得让人珍惜的姑娘，尘埃没有落定便轻易出口是对她的不敬。爱是那么珍贵的东西。多说一个字便是浪费，他更信赖天长地久的渗透与温暖。

婚后3年，无论亲人如何催逼，他始终不说孩子的事。他觉得他应该对孩子负责，要让他一出生就有个温暖的家。孩子出生的时候，房子的钥匙刚好到手。一切似乎水到渠成，但我懂得，他是一边厉兵秣马，一边顺其自然。

偶尔也会带着老婆孩子回家，乡亲们见了，无不夸耀，并且羡慕。他却总是一副学生时代的样子，斯斯文文，偶尔还会有羞涩。见到不太有把握的农村新事物，他依旧像个不谙世相的小孩。

每个年龄段，表弟似乎都在做着他该做的事情。一切平平静静，内心却是温暖而又自信。多么难得。

我也曾暗揣他的心思，这么多年，可曾有过自卑或者艰难到无法突破的时刻？然而，我又很快释怀了。他肯定是知道自己的好，便始终不肯放弃对自己的拔节。外界的纷扰如此多，他却从来没有放下对自己心灵的调教。

厨师也任性

"是你找我啊？"一个穿着明黄色印度衣裙，明黄色缠头的土耳其女人呼啦啦地走过来，把肩膀上那个色彩多得让人眼睛疼的包一下子扔在椅子上。她喘着气，笔直地站在我面前，剑眉斜飞入鬓角。

"呃，我是打算找这家店的老板。"

"我就是。"我话还没说完她就插进来了。

"呃，或者，是大厨。"我的话语顺着惯性滑出来。

"同样，我就是。"她豪爽又不太耐烦地挥了挥手，问，"干吗？"

我解释了自己的媒体身份，她狡黠地用指头点着我说："啊哈，我就知道你在媒体工作。你们这些人就是知道一切隐秘的角落里的一切风吹草动。"

是的，这里只是伊斯坦布尔一个普通居民区里的一条普通的小路，一个普通的店面。橱窗里放着一排蛋糕，店里放了一张巨大的工作台，一个巨大的烤窖。人几乎在里头转不开身。

就这样一个连门牌都没有的地方里，藏了一个了不起的女厨师。她，这个穿成印度模样的女人，我读不出她的名字，她让我叫她"Seriia"。在她来之前，店员就用仅会的英语告诉我，这个店的主厨"非常了不起"，他们向墙角努了努嘴，说主厨以前开了家有名的餐厅。

"我以前开那家餐厅你听说过吗，叫Abacadabra，是全世界的Top50之一。《纽约时报》和英国媒体评的。"Seriia漫不经心地说。"后来，生意太好，啊，好无聊，没有什么意思，我就把它关掉了。我不喜欢没有意思的事情。"

Seriia很年轻就被媒体评为土耳其的天才厨神。她来自土耳其南部一个以美食闻名的城市，她父亲在烹饪上的美名全城皆知。从小，她就跟着父亲在厨房里转，父亲跟她玩"猜猜菜里有什么调料"的游戏。终于有一天父亲再也无法战胜她，她就成了土耳其的天才厨神。

关掉了一家豪华餐厅之后的Serila开了这家外卖快餐店。专门提供低价平民快餐。她说："你知道我以前那个餐厅有多贵吗？即便我是它的老板，假设要我花钱去吃它，我都没钱每天去吃一次。"然而即便这样，预约订位都要排到9个月之后。

所以，其实她关掉了一个金矿。她耸耸肩说："我最讨厌做一样的事情。我已经知道它做得很好了，还做它干什么？便宜快餐没做过，我就做啊。"不过，她又很惆怅地说："今天是我开业第二天而已，我都不敢让人知道是我开的，否则又爆满怎么办？但更要命的是，只要人们吃过店里的菜，怎么可能不知道是我做的。"

"怎么可能！"我不相信地喊。

"拜托！"她喊叫起来，把我面前的芝士蛋糕推到我面前，说，"你吃，我不相信你吃过这样的芝士蛋糕。"

我试了一口。她是对的。这块芝士蛋糕颠覆了它本身，除了芝士的味道以外，多种香料在口腔中形成了爆炸的快感。我被香气袭击了。它跟面前这个女人一样，充满爆发力。

她看着我惊诧的表情得意地笑起来。

"你为什么要往那么柔美的芝士蛋糕里放那么刺激的香料？"我问。

"好吃吗？"她反问。

的确，这是我人生中吃过的最好吃的芝士蛋糕，而且我担保这种味道将会一辈子保留在我的记忆里。"好吃极了！"我老实地回答。

"那不就完了。哪里有那么多为什么。为什么，因为，那是我做的。我！我是谁啊。哼哼。"

"你开这个小店能赚几个钱啊，廉价外卖，疯了啊？"我问。

"以前从一个人身上赚一万块钱，现在从一万个人身上赚一块钱。我的游戏要用我的玩法来玩。而且我怎么可能失败？吃过我的菜的人都不相信我会失败吧。"她一脸理所当然，冲楼下大挥了两下手，扭头跟我说，"我妈找我，我下去啦。拜拜！"

黄色的旋风就这样，呼啦啦地，又消失了。

从一个人旅行开始

曾经很多年，我花费最多的项目是飞机票。对于其他女孩子着迷的名牌服装、化妆品等，都一概沾不上边儿。穿着宽松的棉裤子，带着肯尼亚制篮子，买张廉价飞机票走天南地北，那是我的style（风格）。

我二十多岁离乡背井，单枪匹马逍遥世界，手头上总不太宽裕。当年有个日本朋友半同情、半嘲笑地跟我说过："从没见过像你这么穷的人！"我本人却目瞪口呆，因为一点不觉得自己贫穷。能到国外生活，想念书就念书，要工作就工作，虽然住的是破旧的单间小公寓，但始终不至于挨饿。再说，从没欠过买张飞机票的钱。那可以说是我从小憧憬的理想生活了。为什么别人认为我穷呢？

世界上很多人以为有钱就富裕。旅人一族的价值观念就不一样。旅人最重视自由。那位日本朋友拥有事业、房子、汽车、家庭等，样样是当时的我所没有的财产。但他却没有像我那么多的自由。

当然，若是没有钱就很不自由了。但是，为了确保自由，所需要的钱其实也不多。关键在于那一点钱非得是自己的。只要是自己挣来的钱，即使换来的不过是一块肥皂，也能享受到精神上的奢侈。有一年，我在多伦多皇家银行大楼上班，从事不合乎天性的业务，自我感觉近乎坐牢。月底拿到工钱后，我就到地下的西药房，买了一块芳香润滑的黄金色肥皂，乃优质蜂蜜所制，呈现着丰满的椭圆形。那块肥皂带来的精神自由，我至今忘不了。

不过，我在皇家银行大楼上班的日子毕竟没维持多久。在高层的办公室隔着玻璃窗看得见美丽如镜的安大略湖，却呼吸不到外边的大气。于是我又一次提交辞呈远走高飞。但也开始深刻思索：如何在做旅人的同时也做一个负责任的社会人士。

后来我走的路线相当漫长。从五大湖边，经过圣劳伦斯河到大西洋，之后又往西飞越北美大陆和太平洋，在亚热带英国殖民地熬了三年半，才回到家乡东京来。这回，身边多了另一半，也有了房子，不久后一个又一个孩子都诞生了。我曾经认为：人拥有得越多，越不自由，财产不外是累赘。如今，自己有了家，做起负责任的社会人士来了。那么，旅人身份怎样保持呢？

单身时代、新婚时期到处旅行的多数人，一旦有了孩子就暂停旅行。那可以说是非常理性的选择。只是我本人对旅行的渴望压倒理性。抱着孩子，背着孩子，推着婴儿车，我都非去旅行不可。但是幼儿到了水土不服的异乡就会发烧啦，拉肚子啦，闹脾气啦。我有一次在东马婆罗洲密林里，抱着发高烧的孩子深夜赶车赴穆斯林医院；有一次在北京前门饭店的套房里，抱着闹脾气的孩子白白地耗过整整一个星期；有一次在台北基督教青年会旅社的前台，值班服务生看到我带两个小孩儿走进来的样子，竟然说出了："这样还要旅行？"是的。这样还要旅行的。为什么？只能说：因为我是旅人。

我家的孩子，在还没去过东京迪士尼乐园之前，已拥有第二本护照了。在还没吃过麦当劳的汉堡之前，已吃过北京烤鸭、台北涮涮锅了。对此小兄妹有什么感想，目前还不得而知。也许等他们长大开始自己去旅行以后，有一天我们会讨论吧。在我看来，能够一个人旅行是独立人格的标志。而旅人生涯所带来的自由，远远超过一块蜂蜜肥皂。

儿女的人生

　　和女人在一起，最好不要提起她的孩子——一个家庭组合十年，爱情就老了，剩下的只是日子，日子里只是孩子，把鸡毛当令箭，不该激动的事激动，别人不夸自家夸——全不顾你的厌烦和疲劳，没句号地要说下去。我曾经问过许多人，你知道你娘的名字吗？回答是必然的。知道你奶奶的名字吗？一半人点头。知道你老奶奶的名字吗？几乎无人肯定。我就想，真可怜，人过四代，就不清楚根在何处，世上多少夫妇为续香火费了天大周折，实际上是毫无意义！结婚生育，原本是极自然的事，瓜熟蒂落，草大结籽，现在把生儿育女看得不得了了，照仪器呀，吃保胎药呀，听音乐看画报胎教呀，提前去医院，羊水未破就呼天喊地，结果十个有九个难产，八个有七个产后无奶。

　　人口越来越多，传统的就业观念又十分严重，做父母的全盼望孩子出人头地，就闹出许多畸形的事体来。有人以教孩子背唐诗为荣耀，家有客人，就呼出小儿，一首一首闭了眼睛往下背。但我从没见过小时能背十首唐诗的"神童"长大了成为有作为的人。

　　社会是各色人等组成的，是什么神就归什么位，父母生育儿女，生下来养活了，施之于正常的教育就完成了责任，而硬要是河不让流，盛方缸里让成方，装圆盆中让成圆，没有不徒劳的，如果人人都是撒切尔夫人，人人都是艺术家，这个世界将是多么可怕！接触这样的大人们多了，就会发现愈是这般强烈地要培养儿女的人，这人活得愈是平庸。他自己活得没有自信了，就寄托儿女。这行为应该是自私和残酷，是转嫁灾难。儿女的生命是属于儿女的，不必担心没有你的设计儿女就一事无成，相反，生命是不能承受之轻和之重的，教给了他做人的起码道德和奋斗的精神，有正规的学校传授知识和技能，更有社会的大学校传授人生的经验，每一个生命自然而然地会发出自己灿烂的光芒的。

如果是做小说，作家们懂得所谓的情节是人物性格的发展，而活人，性格就是命运。我也是一个父亲，我也为我的独生女儿焦虑过、生气过，甚至责骂过，也曾想，我的孩子如果一生下来就有我当时的思维和见解多好啊！为什么我从一学起，好容易学些文化了，我却一天天老起来，我的孩子又是从一学起？！但当我慢慢产生了我的观点后，我不再以我的意志去塑造孩子，只要求她有坚韧不拔的精神，只强调和引导她从小干什么事情都必须有兴趣，譬如踢沙包，你就尽情地去踢，画图画，你就随心所欲地画。我反对要去做什么家，你首先做人，做普通的人。

狗的大境界

家里到底养过多少狗，已经记不起来了。

回忆的巷道里，那些曾经的狗，就像大地上的庄稼，一茬茬长出来，又一茬茬倒下去；又像一群群的过客，从虚空中来，向虚空中去。能够残留下记忆碎片的，仔细想来，也就那么几个。

最早的那条狗，是我幼年的伙伴。那时的我，生活在偏远的乡村，热衷一切乡间孩子热衷的游戏，聚众野跑，带队掐架，还有，养一条狗。

那时正流行一部李连杰主演的电影——《少林寺》，上面有条颇通人性的狗，叫阿黄。恰巧我的那条狗，也是黄毛遍身，于是就撬了一条明星狗的名字。

我是极爱惜阿黄的，时常将自己的衬衣穿在它身上，还手缝了布鞋给它套上，谁知这畜生习惯了赤身裸体，穿上衣服，俨然就像戴上枷锁，死命地在田野里疯蹿，仿佛受了某种惊吓。

它耍得很疯，害我时常围着村子大呼它的名字。在那个时代，给狗像人一样取个名字，是很稀奇的事儿。所以，每当我出外招呼狗，身后就会有尾随的小孩，喊喊喳喳地调笑——阿黄，还阿黄呢。那情境，颇类似刚刚网络上流行过的噱语——贾君鹏，你妈喊你回家吃饭呢。

关于阿黄，我记得的片段只有这些，至于后来它是怎样的结局，已经记不起了。

之后再有记忆的狗，都在最近几年。

先是一条叫来喜的狗，肉肉的，小小的，趴在手掌上，远远看着，像极了一只玩具狗。女儿超级喜欢这个小东西，而它那幼小无辜的样子，竟也引发了我的母爱。我们对那条狗，照顾得很仔细，孰料，狗命粗糙，经不起金贵的折腾。没过多久，小来喜染了恶疾，虽然又是打针又是挂吊瓶的，却也终究没有留住性命。

印象次深的另一条狗，名字好笑得很——"胖猪"。这个名字的得来，是因为它刚来我们家时，胖得几乎没有底盘。出乎我们意料的是，狗大十八变，几个月后，这家伙竟然发育演变成为苗条俊秀的型男款。是时，这厮的魅力挺大，巷子周围的那些母狗，都恨不得委身与它。这无形就助长了胖猪的骄傲情绪，走到那里，尾巴都翘得老高，一副雄赳赳气昂昂的架势。

最可气的是，因为后邻家的狗同它争夺过一条母狗的宠爱，它竟然发展到打家劫舍的蛮横。天天横在我家门前，小小的个子，趺扈威严地对着那条欲从我家门前路过的情敌狗怒目而视，一派"此山是我开，此树是我栽"的土匪态势。那条狗也真怕它，一见胖猪踞坐在大道中央，自己先委身在地，一点一点地向前匍匐前进。胖猪先是冷眼瞅着，看它匍匐到一定距离，一个鱼跃跳起来，扑过去就是一阵撕咬。

最终，胖猪的嚣张害得那条狗再也不敢独自路过我家门前了。每次想穿过巷子时，它总是先俯在墙角那里看，一见胖猪不在，立马健步如飞地蹿过去。只是，蹿过去容易，再回家，却又遇到胖猪在"劫道"。狗的主人很生气，既恨自家的狗窝囊，又恨胖猪太嚣张。于是，每每就有这样的场景，狗的主人在前头走，狗在后面亦步亦趋，走到我家门前，趁我们不备，主人作势要扑胖猪，胖猪撒丫子进门。

一条狗再厉害，说到家，也只是一条狗罢了，它可以在狗堆里称雄，到了人面前，永远是畜生。

我们对胖猪的所作所为，又好气又好笑，没事总要教育它，当然，这份教育，颇有几分溺爱的成分，那情形，很像父母对善于惹祸的孩子的宠溺。

不料，这家伙后来惹了一次大祸，那条同它夺爱的狗，到了发情期后，被情欲折磨得有点不要命了。没人亲见这俩畜生到底有过怎样的恶战，我们看见的结果是，那条狗无由得就瞎了一只眼。尽管没有人确定一定是胖猪犯案，但周围的人都见识过它的厉害，于是这莫须有的帽子就给它扣上了。

然后，有一天，胖猪突然失踪了。

我们急了两天，后来也就放弃了，它这样张扬跋扈，早晚会惹出点事端，所以，生死由命吧。

过了这么久，偶尔我的眼前还会跑过它的影子，歪着尾巴，怒目而视，或者冷眼睥睨，仔细想来，倒有几分江湖老大的气魄。

现在家里养的这条黄狗，名字很朴实，"石头"。它原本是条流浪狗，当初到家里来的时候，又赖又丑的样子。不过经过一年多的调教，这厮如今也变得毛色光亮、英姿飒爽起来。

石头是条厚道狗，家里养了小狗时，放到盘子里的肉，它总是先躲到一边，等小狗肚子圆了，再过来吃。小狗也欺负它，每天睡觉，直接躺在它肚子上，权当免费沙发。而石头倒有点乐此不疲的样子。后来小狗死掉了，它伤心难过了一星期，转而和前院的邻家狗，好成了一家人的样子。

同那狗在一起，它也一副极宠爱人家的样子，给它点好吃的，藏到一边，非到邻家狗上门，才叫出来。

不过也奇怪，这么老实的狗，在外面却威风凛凛。而且，又是附近几条巷子母狗的梦中情人，别的狗，无论高矮胖瘦，一律都没有它的魅力。

很多时候，看着它骄傲地被一群狗围着，我会觉得这厮有点花心大少的风范，虽然它很低调，可是，骨子里应该有大侠的血气。在这一点上，狗眼可比人眼锐利多了，毕竟，它们是同类。

说来说去，能留在记忆里的这些狗，也就这么几条。这一点，很像我们一辈子遇到那么多的人，最终能够在大脑中刻下记号的，也就那么几个。

其中的规律不外乎，最早来的那个，占了座位的前排，无论是否突出，总是要被记住。然后就是两种分化，要么特柔软，柔软到让你一想起来，骨头都要化掉的那一种；要么就是特强势，强势到每当回忆起来，都要又叹又笑大半天。

但是，无论何种，最让人无法释怀和极力效仿的，还是"石头"这一型。低调处世，牛气做事，一张温厚的脸，满腹柔情，骨子里却又锋利如刀。

这是狗的大境界，也是人的大境界。

人生没有第二次机会

　　不知从何时开始，我们的人生中多了许多备用的东西，比如：备用钥匙，备用轮胎，备用电脑，备用电池等。备用的东西给我们的生活带来了很大的便利，比如：当钥匙丢了时，可以用备用钥匙开门；当轮胎爆胎时，可以换上备用轮胎；当手机没电时，可以换上备用电池……

　　然而，备用的东西在给我们带来便利、放心、保障的同时，也逐渐让我们丧失了某些方面的能力，比如：谨慎，爱惜，记忆力等。记得刚搬进新房时，我们家一共有6把钥匙，但不到一年的时间就只剩下了两把，我和妻子各执一把，但奇怪的是，最后两把钥匙陪伴了我们多年仍完好无损。这时我才明白，备用养成了我们粗心大意、不懂珍惜的习惯，因为内心深处觉得，反正有备用的，丢了、坏了也无所谓，但如果没有备用的，我们就会加倍小心，时刻提醒自己注意保管那些仅有的物品，这样反而杜绝了意外的发生。

　　其实，我们的人生又何尝不是如此呢？很多人认为，人的一生很长，有足够的时间去实现自己的梦想。于是，浪费、徘徊、虚度。而事实上，人的一生非常短暂，稍不留神，青春就随风而逝，偌大的春天荒了，又怎会有秋天的累累硕果呢？如果做什么事情都想着退路，那么就很难在事业上取得成功，甚至寸步难行，到头来只能一声长叹，空留余恨。

　　春花谢了，明年还会再开；太阳落下，第二天还会升起。而我们的人生却只有一次，走过了，失去了，就再也找不回来。人们常常感叹，如果回到从前，我一定怎么怎么样，似乎只有失去了才会明白，才会真正懂得。然而，逝者如斯夫，一去永不回，时光又怎么可能回到从前呢？在这个世界上我们可以买到很多的东西，但唯独买不到后悔药。

  人，从生到死，无论选择什么样的道路，都只能演绎一次，没有第二次机会。所以，我们要加倍珍惜人生中的每一次相遇，每一次痛苦或快乐的经历，把每天都当作最后一天来过。因为人生没有备用，我们只能鼓足勇气，勇往直前，让生命之花绽放出绚丽的光彩。

饶一饶自己的心

一位老板坐着舒适的豪华轿车，由司机驾驶，做三日的环岛考察，司机当然羡慕老板，有人开车，暗中照照镜子，觉得劳逸不均，自怜命苦。到了下榻旅社，老板还在辗转反侧，久不成寐，隔壁的司机早已经鼾声如雷，轮到老板起床照照镜子，两鬓飞霜，觉得谁苦谁乐？根本不是司机的对手。

当晚司机梦见自己成了老板，业务繁杂、劳心营营，苦得不得了，头发全白，竟在梦里惊醒，醒来发誓不做老板，才又睡着。而老板好不容易睡着了，梦见自己成为司机，开车赶路，体力实在支撑不住，也惊醒了，只祈求上苍，最好身体享受仍是老板，心地单纯能像司机，如果能够如此，我就可以长生不老了，祈求着祈求着，在司机的鼾声里不曾再睡着。

这样的故事，正说明了天地间有许多无奈，难以两全，在这无奈之中，即寓有造物者最最公平的原则。

五十年前还在使用的木造牛车，没听说要送厂保养维修的，现在的汽车，年年要保养，常常要修理。至于高科技的战斗飞机、太空飞梭，可以想象得到，每出一次任务之前，都要检查维修，故障的概率太高了！这也是造物者的公平原则：机件越复杂，越容易毁坏。心灵也是一样，多虑的人机件复杂，多能的人机件疲劳，老板比司机心智庞杂，庞杂就精力耗散，耗散就容易溃裂。就像枝条养得多，根就容易枯，哪能像司机早晚只要想一件事，心思简单，根柢粗厚，牛车样的就不易出故障。

心是身体最忠实的奴仆，时时为身体做无穷的劳役，而大家也任由这颗心越复杂越劳瘁，南征北讨，以为斩获越大，可以让身体越光彩越享受。何曾想过：尽管身体穿着华贵保暖的衣裳，心一恐惧，再保暖的衣裳也禁不住身体发抖！尽管眼前摆着美好的食物，心一警戒，再美好的食物也咽不下喉咙！尽管旅舍陈设豪奢，心一忧急，再气派的床褥也筑不成梦乡！

此乃"机复者易毁"也。饶一饶自己的心吧，只有让内心宁静简单，才不易毁伤，布衣、粗粝、曲肱之处，也许正是安乐窝与黑甜乡呢。

身土不二

在韩国，超市货架上出售的大米，袋子上若是印着"身土不二"的字样，则价格要贵不少。身土不二？乍一听，感觉新鲜得很。不错的，这是一个深植中国的外来词。细细品味，字里散发出来的气息是那么熟悉。

这不就是故土难离吗？

出身决定价格。韩国所谓的"身土不二"，强调出产自本地。按照一般的经济规律，本地产的大米，节省了一笔不小的储运费，应该便宜才对。可人家偏不这样依基本规律行事，心怀本乡本土的情结，硬是将本地货的身价抬高一些，更高一些。他们觉得，一个人的身体不能与生存的这片土地分开，吃本地出产的食物，更有利于身体健康。

在中国，早就有"水土不服"之说。背井离乡后，有的人浑身不舒服，却又查不出什么毛病来。听老跑江湖的人劝导，在水里放一些随身带来的家乡泥土，喝下去后，不适感随即消失。所以，远走他乡之前，总要带上一包故乡的泥土。这是一种庄严的仪式，顺从身心对故土的皈依。

一把泥土，千般思绪。闻着故土的气息，一解思乡苦；看着故土的颜色，消散思乡愁。

曾经的我们，故土难离，即使远走他乡，恋恋之情依然留在故土；曾经的我们，视背井离乡为人生莫大的苦痛，一朝身在异乡，则一生苦吟"思乡曲"……而今，谁还在坚守身土不二，谁就是苦守穷守，甚至是失败的代名词。

所谓的有本事，就是远走高飞。

哪怕身在故土，对于"身土不二"的产品，我们也不如韩国人那般珍惜和崇敬。我有个朋友，喝水只喝几百公里之外的农夫山泉。一次，我带女儿逛超市，她口渴闹着要喝水，我竟然随手取了源于法国阿尔卑斯山的依云矿泉水。它的价格是本地产的润田水的10倍，我却连眼都不眨，买了下来。

怀念那种渐行渐远的田园生活：井里汲水，菜园摘菜，稻米自种，花卉自栽，在自家屋里呱呱坠地，在自己床上静静地老死。偶尔去过外面，但始终不离养育的这片热土。一生一世一土情。

今生今世，何时何处能守"身土不二"呢？

上帝从不偏袒任何人

在古罗马流传着这样一则故事：一位失明的少女家境贫困，每天，不管是刮风还是下雨，她都要而且必须挎着花篮到街上去卖花。因为家中有她卧病在床的父亲，等待她用卖花挣来的钱去买药。为了治好父亲的病，少女不辞辛苦地整天在城里的大街小巷转。开始，由于她辨不清方向，常常被撞得鼻青脸肿，后来，少女竟然能熟练地在城中的每一条街道游刃有余地穿行，无物可拦。少女的生意越来越好。

一年后，不幸的事情发生了：城里发生了洪灾，洪水像脱缰的野马肆无忌惮地冲进大街小巷，居民们惊慌失措，争先恐后地寻找逃生之路。可是，由于他们平时不注意路径，结果有的跑进了死胡同，被洪水淹死；有的跑向了洪水一边，结果反被洪水吞没。只有那个失明的小姑娘，她背着父亲，靠着灵敏的触觉和听觉，很快逃出了城。不但如此，她还救了很多居民的生命。

在俄国，有这样一位命运多舛的人：他的母亲乘船外出时，不幸遇到了风暴，船翻了，他的母亲被大海无情地吞没了。数年后，他年幼的儿子也在一次海难中丧生。此后，他的家中连遭不幸：夫人患喉结核症逝世，17岁女儿自杀而死，他的一对3岁的孪生孩子也因患白喉而告别人世……这样的人生变故和不幸，几乎没有人可以承受，可他正是凭借这些常人难以承受的磨难，在痛苦中挣扎奋起，创作出了长篇小说《谁之罪》、长篇回忆录《往事与沉思》，留下30卷文集，留下了许多像火一样燃烧的文章，它们今天还鼓舞着人们前进。他就是被高尔基誉为"一个人就代表整整一个领域，就代表一个思想饱和到惊人地步的国度"的俄国哲学家、作家、革命家赫尔岑。

　　上帝总是公平的：当他在为你关闭一扇门时，会同时为你打开另一扇窗。因为上帝从不偏袒任何人，在上帝面前，我们每个人都拥有同样的天空、同样的时间和同样的躯体……只是由于每个人对上帝赐予的这些理解、掌控不同，才使自己的命运之舟或破浪远行，或倾覆浪谷。

生命是一种奔行

人们总爱说，生命是赤条条来，赤条条去。其实它并非就是赤条条来，赤条条去。

如果说，生命是一场奔行，在生命行将垂睫大去之际，检视人生的行囊，固然带不走些许钱财，但若翻阅你之人生的册页，能给人留下一行行感动，那么，你之生命绝不是空奔行一场。

母亲就留下了一部令人感动的精神卷帙。

那是一个树木枝叶扶疏、鸟儿啁啾的春天。那些时，在白天劳作了一天，晚上又纺纱织布做衣做鞋到深夜的母亲，每天总要起一个大早，赶在队上出工前到一棵楝树下，用她那最初缠裹了中途又放了的"解放脚"，在地上使劲碾着……

那是一些留在树上过了冬、被风儿一吹撒落在地上楝籽。金黄色的楝籽经母亲一踩一碾，便露出雪梨一般的果肉。做完这些，母亲或是搬起锄头，或是拿起镰刀，匆匆上工去了。我不解：辛苦劳作的母亲为什么不在早上多睡一会儿，踩碾这些楝籽做什么？后来从祖母口中得知，母亲这样做，只是为了树上那几只喜鹊雏儿。

原来，几年前，有一对喜鹊夫妻就在那树上安了一个家。于是，每年都会有几只小喜鹊诞生，繁衍着喜鹊的家族。那一年，几只喜鹊雏儿一天天长大，刚刚学会飞行时，可不曾想，一场风暴将喜鹊窝掀翻在地。为了让小喜鹊有一个新的家，喜鹊夫妇硬是在一天一夜中新筑起了一个巢。巢成时，喜鹊夫妇生生累死了。喜鹊雏儿最爱食楝籽了，原来母亲用脚踏破楝籽，是担心喜鹊雏儿软软的嘴儿，啄不开那经了冬韧性十足的楝籽的表皮。

这是母亲书写的人生奔行的册帙中，她与动物间极为感人的一行。母亲与人之间更是有着许多感人的段落和字句。

我们家住在村头，而且在路边。自从我懂事起，我发现几乎所有的晚上，我们家的厨房门总是敞开着。每天，母亲会是最后一个休息，插门闩自然就是母亲的事儿了。最初，我以为是母亲事多、或太劳累，就将关厨房门的事儿忘记了。又是祖母告诉我，厨房门不关是母亲有意这样做的。夏天，赶路赶晚了的人口渴了，就可到水缸中舀上一瓢水喝一个畅快；冬日，厨房的灶膛前也是夜行人暖脚的地方……

这些人，与母亲不沾亲、不带故的，母亲却记挂着他们的饥渴冷暖。这些虽说平凡，却是人间永不让人忘怀的感动。

世上的许多人都这样。

居住在沙漠地区的人们，他们吃完西瓜后，瓜皮从来都是将里面的有残瓢的一边朝地的。他们说，这样做，水分蒸发得慢，一些小动物们无疑是受益者。而且，不说小动物，即便是夜行人，特别是那些从沙漠深处归来的饥渴难耐的旅人，这样放着的瓜皮也未必不让他派上大用场，或许就此挽救了一个行将熄灭的生命。

还有，在沙漠里行走的人，往往会插上一些树枝作路标，风把树枝刮倒了，或沙将其掩埋了，行路之人就会将其捡了来重新插上，或将树枝向上提一提。也许他们一辈子再也不会重走这条路了，但谁都这样做。

原来，奔行之中的感动，是素不相识的人们在传递着一种接力棒。

生命是一种渴望感动人间的奔行，无论你是在坚硬的山石间行走，还是在流沙中跋涉，感动都会是一串闪光的足印，这足印宛然一支大笔，书写出你生命奔行的卷帙。累积起来卷帙也就成了人类的精神财富，如路标，指引着人们奔行……

第五辑
好心态好生活

乐观上进的人，
经过长期的忍耐与奋斗，
最终赢得的将不仅仅是鲜花与掌声，
还有那饱含敬意的目光。

人生的两种可能

　　1993年，我中专毕业，亲戚托了一位熟人，给我在市里找工作。

　　一天，我提了礼物，去拜访这位熟人。熟人告诉我："给你联系了一家制药厂，过些日子就可以去上班了。"我当时年少，心机不重，随口说道："是这家厂子啊，听说他们银行贷款很多，工资都发不上……"

　　过了些日子，我又去拜访这位熟人。他高兴地说道："我又给你联系了一家机械厂，这家工厂，工资高，是个好地方！"原来，说者无心，听者有意，上次熟人暗暗记下了我的话，以为我对那份工作不满意，又重新为我选择了另一家工厂。

　　就这样，我背着简单的行李，来到了那家机械厂，先在车间做铆工、钻筒体、抡大锤，再改行做车工、开立车，拿着微薄的工资，入不敷出。然后，经历了停薪留职、辞职，最终到一家企业打工，做起了文秘并业余撰稿，直到现在，还徘徊在体制外。

　　而那家制药厂，现在已发展成了实力雄厚、全国闻名的大型企业，我的几个同学都在那里工作，日子过得相当不错，让我非常羡慕。如果当初我选择了它，我的人生轨迹肯定会是另一种走向。

　　这段经历，使我得出了这样一种结论：人生，至少有两种可能，当你做出一种选择的时候，实际上已经抛弃了另一种生活方式。事后，当我们回过头来审视自己的选择时，该怎么做呢？是庆幸，还是后悔，抑或是其他？

　　不妨先把这个问题放一放，说一说我的另一些经历和见闻。

　　这一年，我到河北承德参加一个笔会，住在僧冠峰景区内的一家宾馆。笔会间隙，我在宾馆院内闲逛，看到园内生长着一大片柏椤树，树高大约在七八米，阔叶满枝，但每片叶子的面积小于成人的手掌。景区是把它们作为绿化树栽培的，长得足够高足够粗以后，还可以作为木材使用。

这使我感到特别惊奇。因为我的老家也有这种柏椤树，它们是灌木生长在山坡上，而且只有半米多高，从来长不到乔木那样的高度。但是，它们的叶子却比僧冠峰的柏椤树要大出许多，用途也比较特别：每年的端午节前后，家乡人总会把它们摘下来，几片叶子叠在一起，包糯米粽子，有一股浓郁的香味。僧冠峰的柏椤树，其阔叶偏小，是无法作为粽子叶来使用的。

另外，我在学校里，学的是果树栽培专业。写到这里，也不禁使我想起了苹果树。我们知道，苹果树生长的高度，通过人为的整形，一般会控制在三四米以内，这样便于结出更多、更大的果实。但是，那些生长在深山密林里的野苹果树，是绝对不会满足于这个高度的。它们躲开了人类的整形和控制，虽然果实的个头会小很多，但是自由自在的野性却会得到充分地流泻和舒展，高度甚至能达到十几米。

同样的树种，却出现了两种活法、两种用途，这在我们是很难想象的。

看看现在的生活，想想曾经还有另一种可能、另一种活法摆在自己面前，感觉挺有意思的。这另一种可能、另一种活法，当时，自己为什么错过了？如果时光倒流，让你重新选择，你会选择哪一种活法？

独自静默时，与人闲谈时，也许，你会想起这些问题，并给出一些答案。但这些问题和答案，似乎不是那么重要了。我们不能老是活在回忆中和想象中，那些错过的就让它们错过吧，好好地珍惜现在，把现在的每一步走好，每一件事情做好，你会发觉：人生，还是很有趣味的！

人忙心静

　　朋友在一个事业单位，做着一份文职的工作。让很多人羡慕的是，这工作清闲，有大把的时间休息。

　　可朋友把这些时间用来感怀。无论在QQ上还是见面聊天，她说的最多的话就是："真是心烦意乱，好想静一静。"困扰她的事情太多了，工作上的压力，朋友间的应酬，还有家人要照顾，哪一桩哪一件，都让她静不下心来。

　　我好奇地问她，怎样才能静下心来呢？她说，什么都不干，找个地方，好好地休息，养养心，这样，心就静了。而心静了，人会感觉比较舒适。

　　后来，朋友休了很长一段时间的年假，真的找了个地方，好好地养心了。以为养完心回来，她会变得神清气爽，可是再次见面，她却显得比以前更加焦虑。她说，彻底闲下来，什么都不干，心反而更不静了。总是会想，回去后还能胜任工作吗？不在的这段时间，单位会不会有什么人事变动？甚至想，将来拿什么来养老呢？这么一想，心杂乱无章，假便休得索然无味。

　　直到有一天，朋友在单位待不下去，重新换了一份工作。这份工作，对她来说，充满了挑战，每天都有做不完的事，每件事都不能出一点差错，她必须全神贯注。

　　她的工作计划，不是按天排的，是按小时排的，每个小时要做什么，都有明确的规划。如果这个小时稍微慢一点，或者出了一点错，下一个小时的任务就无法完成。所以，工作时，她不敢开一点小差，眼里心里都是眼前正在做的事。而那段时间，孩子正是幼儿园升小学的关键时期。回家后，她就放下包，立即投入到辅导孩子的"战斗"中。辅导完孩子，给孩子做可口的饭菜，还有一大堆家务要做。

早上也没法睡懒觉，得早早起床，把一天的工作计划制订出来。不然，这一天不知道要怎么手忙脚乱呢。这么忙，以为，朋友的心一定更是静不下来了。没想到，提起这事儿，朋友说，现在她的心比任何时候都静，再也没有丝毫杂念。工作时必须全心全意工作，辅导孩子时也不能三心二意，做家务干净利索，总想争分夺秒完成。这么忙，哪还有心思想那些不沾边的事啊。不想不沾边的事，心也便静了下来。

听上去有些不可思议，但事实就是如此。有一段时间，我也曾杂念太多，总不能静下心来，又没有办法放下一切，到一个山清水秀的地方养心，怎么办呢？

我也想到了让自己忙起来的方法。我制订了详细的工作计划，每天要做什么，每个小时要做什么，都清清楚楚。按照这个计划，我一下子忙了起来。当然，并不是一直都忙，以前要一天完成的事，现在半天就完成了。

和朋友一样，在高密度的工作中，真的不能有丝毫杂念，心自然静如水。而完成工作后，心里是满足的，是愉悦的，心一愉悦，不就静下来了吗？

这个缺乏安全感的时代，很少有人能够静下心来。我们需要为生活奔波，为前途担忧，被各种杂事烦扰。普通的我们，不可能扔下一切，跑到没人的地方养心，也不可能洒脱地抛下红尘，纵情山水。所以，让自己忙起来，就成了最实际的选择。

如果你不是内心强大的人，不是洒脱不羁的人，最好的选择，就是让自己忙起来。不需要忙得脚不沾地，只需要集中精力，快速把一天该做的事做好，这样，你的心就不会杂乱。

很多人说，心亡为忙，其实不尽然，很多时候，身忙心静。

出生就出发

　　安迪出生在清晨，满天绚丽的朝霞给这个刚出生的小角马周身镀上一层粉色。母亲吻着它，眼里满含慈爱与温情。她已记不清这是自己的第几个孩子，但这并不重要，重要的是要教会它迈开此生的第一步。

　　安迪是一个跑步天才。在母亲的鼓励下，它尝试着站了起来。它的腿那么纤细，仿佛支撑不了身体的重量，刚立起半个身子，脚下一软，又跌倒在地。在多次失败后，安迪终于站起来了，接着，它迈开细腿跑起来。从学会站立到奔跑，仅仅用了4分钟，4分钟内，安迪战胜了怯弱与困难，这是它生存训练的第一课。

　　安迪跟着母亲，随着庞大的家族队伍不停地行走，大家早已习惯了这样的流浪生活。水草丰美的草原是大自然给予它们丰厚的馈赠，路途中有无数美丽的风景，也有数不胜数的险恶，敌人总是如影随形。在母亲的庇护下，安迪总能躲过灾难，一次次化险为夷，然而，在一次奔跑中，安迪还是与母亲走散了。

　　这是安迪第一次与母亲分离，它急切地呼唤着母亲，但茫茫草原望不到尽头，哪里有母亲的身影？烈日炎炎，安迪又饥又渴，脚步越来越慢。这时，一群野狗尾随而来，野狗凶狠贪婪的目光让安迪不寒而栗。前方有一群斑马，安迪未加思索一头钻进斑马群中。友善的斑马接纳了这个孤独无助的小角马，健壮高大的雄斑马在外围形成一道保护圈，保护着圈内的老弱病残，包括安迪。野狗最终无从下手，只得悻悻而去。

　　安迪知道，暂时待在这个集体中是安全的，慢慢地，它也学会了自己寻找食物。一天，在河边饮水的安迪与母亲不期而遇，母子俩终于重逢，那一刻，母亲拥着安迪喜极而泣，泪水打湿了她的脸颊。

挑战无时无刻考验着安迪的勇气与毅力。马拉河是它们家族必须逾越的障碍，河对岸有取之不尽的食物等着它们去分享。母亲带着安迪跃入河中，然而，湍急的河流把安迪冲到了下游，它几次沉入河底，险些丧命。沉浮中，它竭尽全力与激流抗争。更大的危险还在后头，鳄鱼正张着血盆大口，等着送上门来的美味。这是一场血腥的搏斗，河水中，不时有殷红的血泛到水面，不断有家族成员丧身鳄鱼腹中。一条鳄鱼咬住了安迪的小腿，安迪忍着剧痛，抬起另一条腿奋力蹬向鳄鱼。小小的安迪与5米长的鳄鱼相比，是那样弱小，但安迪毫不畏惧，只要还有一丝生的希望，它就决不放弃。最后，看似强大的鳄鱼精疲力竭，松开了嘴，安迪又一次幸运地与死神擦肩而过，创造了弱者战胜强者的奇迹。

6米高的河堤成了横在安迪面前的最后一道阻碍，它跟在族群后面奋力攀缘。它知道，这一次母亲帮不了自己，成长的路上，有些路不能省略。近在咫尺的美食让大家丧失了理智，不断有同伴摔倒，然后被后来者踩在脚下，轻者头破血流，重者命丧黄泉。安迪一次次跌倒，又一次次站了起来，好几次它被别人踩在脚下，身上已是伤痕累累，但它心中有个信念，战胜一切，爬上去！

美丽的塞伦盖蒂大草原广袤无垠，这是安迪的出生地，也是安迪家族的天堂，经过一年的艰难跋涉，安迪又回到了自己的故乡。

安迪是只小角马。每年，角马群要完成一次大迁徙。安迪选择从出生的第一刻出发，它知道，当自己需要帮助时，这个世间不乏温暖与爱，在行走的路途中，自己要学会坚强、勇敢，学会慢慢成长。

插秧偈

在我所干过的农活中，最苦的当属插秧。因为要赶节气，必须要在几天内把秧插完。

一大片一大片的水田，已经犁过耙过，就像一块白花花的布，等待插秧的人去织。青绿发嫩的秧苗从种田内扯起，一把把在水中涤荡，根上的泥脱落了，再挑到秧田。从早到晚，弯腰弓背，两腿站在稀泥中。一行行，一列列，一株株，整齐得犹如"小楷"。

远远望去，插秧人在田中，就像"笔尖"，插秧人身前是绿色的，身后是白色的。绿色的是写好的，白色的是还未写，阳光从高空垂射下来，插秧人的汗水滴到田里去了。他们的手是湿的，也是脏的，不要说揩汗，抓痒都是不方便的。

手脚长时间泡在水里，起了皱折，白白的，老老的，很没有看相。庄稼人是不顾这些的。最难耐的是傍晚，天色渐渐暗下来，身上有蚊子咬，腿上有蚂蟥叮。人累得直不起腰。我那时就想，四个现代化怎么还不早点实现？农业要是实现了机械化，就再也不用人工插秧了。

我考上大学之后，暑假回乡，家里人就不让我插秧了。不是因为机器取代了人工插秧，而是他们认为我既然是大学生了，就是跳出农门了，属于非农业人口，将来肯定是坐办公室，吃商品粮，还学插秧这些农事做什么呢？我是属于泥腿子上岸，重点应该是看书。

在城里是见不到秧苗的。问孩子大米是怎么来的，回答说从超市里买的。大米装在花花绿绿的编织袋里，或许有人会认为粮食是从工厂生产的。其实是地里长的，工厂只不过是加工包装而已。

我每次吃饭都吃得很干净，可谓颗粒无剩，为此常遭讥笑。按照现在的生活条件，或许有人会说浪费得起。米是他买的，付过了钞票，他爱怎么着就怎么着。只是经过了插秧割稻的岁月，就格外心疼农民。你就是再有钱，也浪费不起。这不是钱不钱的事，而是对农民的尊重对土地的感情问题。

记得小时，谁要是把一粒米弄到地上，大人们总是会举起拳手，并大声地骂道：浪费粮食，小心天打雷劈！"锄禾日当午，汗滴禾下土。谁知盘中餐，粒粒皆辛苦。"倒是这首千古传诵的《悯农》诗，让人觉得是个安慰。

"手执青秧插满田，低头不见水中天。六根清净方为稻，退后原来是向前。"这是布袋和尚最为脍炙人口的《插秧偈》，阐发了学佛与做人的道理。低头，清净，退后，向前。布袋和尚也许没有插过秧，但是他云游民间，一定是看到百姓插秧的，所以才写得出此诗。

居无定所，随遇而安，笑口常开，大肚能容。作为弥勒菩萨的化身，布袋和尚的参悟成为国人立身处世的人生智慧。

钓

钓鱼技巧甚多，从鱼饵、鱼漂、渔线、鱼钩、渔竿，到水域、水流、水质等都需细细判断和选择。钓竿的颤动会带给人孩童般的欢乐，一竿在手，性情暴躁的小伙子也会"静如处子"。放线之坦然从容，收竿之激动愉快，想是钓鱼者之最大享受。我还听说，钓鱼者大多不喜欢吃鱼。正所谓"钓翁之意不在鱼，在于情趣过程也"。

翻开浩如烟海的古代典籍，留下垂钓美名的人不计其数。他们的一竿一线，收放之间竟是一部部历史的传奇。《封神演义》里说，太公姜子牙受师父之命，下界帮助文王推翻暴虐的商纣。在文王必经的渭水河边，他用直钩钓鱼，且不用鱼饵。后得遇文王赏识，终于推翻商纣统治，建立了周朝。姜尚钓于渭水，钓出一个贤德的周天子，给后世留下一段佳话。

汉代有个严子陵，是浙江会稽余姚人。刘秀即帝位时，曾征召他为谏议大臣，他拒绝了。之后归隐富春江畔，立志耕钓以终。后来刘秀三次遣使，才访得严子陵入京，与之畅叙友情并同榻而卧。夜间，严子陵故意把脚压在刘秀腹上，刘秀也不以为然。

次日，太史上奏："客星犯帝座，甚急。"刘秀笑道："朕与故人严子陵共卧耳。"严子陵这一钓，也是颇值得玩味。至今仍有"天下佳山水，今推富春江。华夏古钓台，首选严子陵"的说法。

淮阴侯韩信年轻时落魄，他连续数天未钓到一条鱼，晕倒在河岸上。一位在河里冲洗丝絮的老妇见其饿得可怜，一连几十天给他饭吃。当韩信表示"吾必重报"时，老妇生气地斥责："大丈夫不能自食其力，我只是可怜你才给你吃食，难道是希图报答吗？"果然，发奋之后的韩信最终成为大将军，在楚汉相争的历史上留下光辉的一页。

钓，有时是一种智慧，一种策略，更多时候则是行于天地万物间的人的精神闪光。屈原曾钓于资水，那满腔报国之心只能诉与鱼儿知；范蠡离开越王之后钓于太湖，留下浩渺烟波一样的传说；李白也曾"闲来垂钓碧溪上"，潇洒不羁纵游名山大川；柳宗元在"千山鸟飞绝，万径人踪灭"时独钓寒江雪，那份凄清悠远的境界不是一般人能领会的；欧阳修在滁州"临溪而渔"，则是借以排遣被贬之抑郁；张志和钓于西塞山，"斜风细雨不须归"，点染出一派和谐闲适的意境……

细细想来，除去为糊口而垂钓的人，钓者所为何来？钓一世之清名？钓万古之霸业？钓庙堂之高？钓山林之幽？或者什么也不钓，只是借着钓的形式让思想空灵而超然尽享脱俗之感？难怪近代作家郁达夫在《钓台的春昼》里写道："倘使我若能在这样的地方结屋读书，颐养天年，那还要什么高官厚禄，还要什么浮名虚誉哩？"

反观当下，很多人没有深刻领悟钓的真正内涵，缺失了淡泊坦然之心，他们处心积虑，放长线钓大鱼，钓金钱钓美女，向往着所谓的至乐之境。可谁知最终往往被种种诱惑拉入水中，与"饵"同亡。

一钓越千年，浮沉一线间。在人生这片大湖面前，我们不妨凝思端坐，气定神闲，悠然垂钓，不为鱼，只为心。

给珍珠一片栖息地

从前，有一个海岛，岛上有很多沉积多年的大颗珍珠，可谁也无法接近这个海岛，只有栖息在海岸附近的海鸟能飞过去。很多人慕名前来，带着枪支，捕杀飞回岸边的海鸟。因为海鸟白天会飞到岛上去吃珍珠。

时间长了，海鸟渐渐地灭绝，剩下的几只也过得胆战心惊。只要一听到人的声音，看到人的踪影，就会早早逃走。

后来，来了一个商人。他在海岸附近买下大片树林，并在树林周围安上栅栏，不让闲杂人走进他的树林。同时，他严厉告诫他的仆人，不许去树林里捕捉或驱赶海鸟，更不许放枪。

可是，当海岸其他地方的枪声一响，就会有海鸟在惊慌逃窜中不经意间闯进他的树林。时间一长，海鸟渐渐地留在他的树林里栖息。等海鸟在他的树林里逐渐安定下来以后，他开始用各种粮食、果实等做成味道鲜美的食物，撒给这些海鸟吃。海鸟贪吃，吃得很饱，就把肚中的珍珠全部拉了出来。日复一日，这个商人成了大富翁。

在对待同一问题，人与人思维不同，不同的思维方式会导致不同的结果。用枪口对准海鸟来获取珍珠的做法无异于杀鸡取卵，而给海鸟一片栖息之地，才是长久之道。

冬天的蜜蜂

　　4个喜爱音乐的年轻人组成了一个演唱组合，在一次选秀节目中，他们过关斩将，最终在决赛中夺得第八名。他们渴望能与哪家唱片公司签约，然而事与愿违，除了参加过几次大型晚会外，他们的境况并无多大改变。这时，一家唱片公司向主唱米扬抛出橄榄枝，欲与他签约。米扬进退两难，签约无疑可以助自己的歌唱事业进入柳暗花明的佳境，但单飞意味着自己将违背当初4人一起立下的誓言。

　　米扬决计回一趟老家，自小到大，当面临困难的抉择时，他习惯在与父亲的交谈中得到启示。米扬的父亲是个养蜂人，一年的大部分时光都在追随季节的脚步，只在冬天，他会带着蜂箱回到南方，让蜜蜂与自己都度过一个温暖安逸的冬天。

　　米扬到家时，父亲正在蜂房喂蜂。冬天，蜜蜂无花粉采集，需要用白糖喂养它们。米扬看到蜂箱内的蜜蜂有的在吃白糖，大部分蜜蜂则密密匝匝拥在一块，组成一个球形，并慢慢地转动。

　　"难道蜜蜂闲来无事在玩游戏吗？"米扬好奇地问父亲。

　　父亲微微一笑道："这是蜜蜂应对冬天的技巧。冬天寒冷时，它们就紧紧抱成一团相互取暖，并不停地蠕动，通过运动增加自身的热量。你再看看蜂群除了转动，还有什么变化？"

　　米扬蹲在蜂箱旁，仔细观察。过了一会儿，他看出了端倪，蜂群不仅从左向右转动，蜜蜂们还不停地变换位置，里层的蜜蜂不断转移到外层，外层的蜜蜂则陆续转移到里层。这是为什么？米扬把疑问的目光投向父亲。

　　父亲告诉米扬："蜂群像座温暖的房子，越往里层温度越高。里层的蜜蜂暖和了身体，就主动让出位置，让外层的同伴们进去暖和身体。蜜蜂的团体意识非常强，这就是它们虽小却生命力极强的原因所在。采蜜季节它们各司其职，井然有序，寒冷时则紧抱成一团，从容应对困难，度过严寒的冬季。"

那一刻，米扬豁然开朗。他婉言谢绝了唱片公司的邀约，与演唱组合的同伴们潜心磨炼，创作属于自己的原创歌曲。渐渐地，他们的歌曲被越来越多的人传唱，几经磨砺，他们终于迎来了春暖花开。

许多演唱组合常因各种原因说散就散了，而米扬的组合始终是歌坛的一棵常青树，十多年的兄弟情谊一如当年，有记者好奇地问他们缘由所在。米扬欣慰地笑着说道："因为我们是一群冬天的蜜蜂。"

好心态好生活

俞仲林是中国著名的国画画家，擅长画牡丹。

一天，某政要慕名买了一幅他亲手所绘的牡丹，回去以后，很高兴地将此画挂在客厅。

政要的一位朋友看到了，大呼不吉利，因为这朵花没有画完全，缺了一部分，而牡丹代表富贵，缺了一角，岂不是"富贵不全"吗？

政要一看也大为吃惊，认为牡丹缺了一边总是不妥，拿回去预备请愈仲林重画一幅。愈氏听了他的理由，灵机一动，告诉这个买主，牡丹代表富贵，所以缺了一边，不就是"富贵无边"吗？

政要听了愈氏的解释，高高兴兴地捧着画回去了。

可见，幸与不幸，许多时间只要于你的一念之间。

生于尘世，每个人都不可避免地要经历苦雨凄风，面对艰难困苦，保持一种什么样的心态，将直接决定你的人生轨迹。

有两个囚犯，从狱中眺望窗外，一个看到的是满目泥土，一个看到的是万点星光。面对同样的际遇，前者持一种悲观失望的灰色心态，看到的自然是满目苍凉、了无生气的景象；而后者持一种积极乐观的明快心态，看到的自然是星光万点、一片光明。

人的一生，就像一趟旅行，沿途中有数不尽的坎坷泥泞，但也有看不完的春花秋月。如果我们的一颗心总是被灰暗的风尘所覆盖，干涸了心泉、暗淡了目光、失去了生机、丧失了斗志，我们的人生轨迹岂能美好？而如果我们能保持一种健康向上的心态，即使我们身处逆境、四面楚歌，也一定会有"山重水复疑无路，柳暗花明又一村"的那一天。

悲观失望者一时的呻吟与哀叹虽然能得到短暂的同情与怜悯，但最终的结果必然是别人的鄙夷与厌烦；而乐观上进的人，经过长期的忍耐与奋斗，最终赢得的将不仅仅是鲜花与掌声，还有那饱含敬意的目光。

虽然，每个人的人生际遇不尽相同，但命运对每一个人都是公平的。因为窗外有土也有星，就看你能不能磨砺一颗坚强的心、一双智慧的眼，透过岁月的尘埃寻觅到辉煌灿烂的星星。先不要说生活怎样对待你，而是应该问一问，你怎样对待生活。

黑暗的剪影

那是一个冬日清冷的午后，即使在公园里，人也是稀少的，偶有路过的人好奇地望望剪影者的摊位，然后默默地离去；要经过好久，才有一些人抱着姑且一试的心理，让他剪影，一张20元。我坐在剪影者对面的铁椅上，看到他生意的清淡，不禁令我觉得他是一个人间的孤独者。他终日用剪刀和纸捕捉人们脸上的神采，而那些人只像一条河从他身边匆匆流去，除了他摆在架子上一些特别传神的、用来做样本的名人的侧影以外，他几乎一无所有。走上前去，我让剪影者为我剪一张侧脸，在他工作的时候，我淡淡地说："生意不太好呀？"没想到却引起剪影者一长串的牢骚。他说，自从摄影普遍了以后，剪影的生意几乎做不下去了，因为摄影是彩色的，那么真实而明确；而剪影是黑白的，只有几道小小的线条。

他说："当人们太依赖摄影照片时，这个世界就减少了一些可以想象的美感，不管一个人多么天真烂漫，他站在照相机的前面时，就变得虚假而不自在了。因此，摄影往往只留下一个人的形象，却不能真正有一个人的神采；剪影不是这样，它只捕捉神采，不太注意形象。"我想，那位孤独的剪影者所说的话，有很深的道理，尤其是人坐在照相馆灯下所拍的那种照片。

他很快地剪好了我的影，我看着自己黑黑的侧影，感觉那个"影"是陌生的，带着一种连我自己都不敢相信的忧郁，他嘴角紧闭，眉头深结，我询问剪影者，他说："我刚刚看你坐在对面的椅子上，就觉得你是个忧郁的人，你知道要剪出一个人的影像，技术固然重要，更重要的是观察。"

剪影者从业已经有20年了，一直过着流浪的生活，以前是在各地的观光区为观光客剪影，后来观光区也被照相师傅取代了，他只好从一个小镇到另一个小镇出卖自己的技艺。

他夸说什么事物都可以剪影，我就请他剪一幅题名为"黑暗"的影子。

剪影者用黑纸和剪刀，剪了一个小小的上弦月和几粒闪耀的星星，他告诉我："本来，真正的黑暗是没有月亮和星星的，但是世间没有真正的黑暗，我们总可以在最角落的地方看到一线光明，如果没有光明，黑暗就不成其为黑暗了。"

我离开剪影者的时候，不禁反复地回味他说过的话。因为有光明的对照，黑暗才显得可怕，如果真是没有光明，黑暗又有什么可怕呢？问题是，一个人处在最黑暗的时刻，如何还能保有对光明的一片向往。

后来我有几次到公园去，想找那位剪影的人，却再也没有他的踪迹了，我知道他在某一个角落里继续过着漂泊的生活，捕捉光明或黑暗的人所显现的神采，也许他早就忘记曾经剪过我的影子，这丝毫不重要，重要的是我们在一个悠闲的下午相遇，而他用20年的流浪告诉我："世间没有真正的黑暗。"即使无人顾惜的剪影也是如此。

万物从容

　　我观察花草树木已经30多年了，从冬到夏，从春到秋，年复一年，现在终于有了点发现，那就是：任何一株花草树木都不急，万物从容。

　　在一年中，它们都要开花一次，都有属于自己最美丽的瞬间。它们不提前，也不滞后，不慌不忙，从容不迫。它们都知道，造物主早就安排好了，每株花草树木只有一次开花的机会，不会多，也不会少。梅花开放的时候，桃树静静地看着，一点也不急；白玉兰翩翩坠落的时候，茶树知道该它们上场了。池塘的鱼儿也不急，它们急什么呢，要赶路吗？吃饱了还要更饱吗？不是，它们只需要在水里游来游去。

　　有一种花叫月月红，它就很急，沉不住气。只要看见有别的花在开放，它就嫉妒，吵着要开花。上帝是宽容的，说，你要是想开花就开花吧。一年四季只要有别的花开放，它就要开放。一年四季总是有花开，于是它一年四季都开花，人们叫它"月月红"。由于它太急了，只知道开花，没有想到积聚能量，把握时机，蕴藏芳香，所以开放的时候，人们只看见它很红，看不到其他的好，有点儿轻看它。你看，在公园里，就找不到它的身影，虽然它很努力。

　　那些园艺大师就很急，替花着急。心想，漂亮的花儿开放了，大伙儿还不知道呢，于是他们把这些花从各个角落，甚至很远的山区、草原移过来，放在主干道旁边、教学楼窗户下，告诉大家，你们快看啊，它们开花了，再不看，它们都谢啦。可是，有什么花草要园艺大师这么干了吗？没有。它们开花只是自己好玩，轮番做游戏，或者开给它们的情人看的，惺惺相惜。它们的情人是谁呢？它们从来不会告诉人们，大约是那些蜂蝶吧。文人吃醋了，就叫它们狂蜂浪蝶。

你看，这些花草从来不急，有没有人看见，都不急。我在校园很多角落里，发现了这样的小花，它们慢慢地开着，安安静静。3万多师生当中，估计看到它们开花的寥寥无几。那又怎样呢，没有人看见，就不开花了吗？

人生按70年算，不算长，也不短。历史三千年的四十分之一，现当代史的二分之一，见过多少人和事啊。有人走得快，有人走得慢。可是，走得再快，快得过时间吗？不能。时间最终将他们甩在身后，慢慢塞进历史的压缩文件里。走得慢的人，时间陪着他，慢慢前行。他们慢腾腾地起床、浇花、打坐、看落日，从来不理会时间。时间也不催他们，随着他们的性子，在一边等他们。这些人往往就是大师，所谓大师，其实就是那些耗尽一生、成功一次的人，就像那些一年开一次花的万物。

要迅速生活，时间就走得快；要永久生活，时间就走得慢。匆匆忙忙跟时间赛跑的人，不还是想多赚取一点时间吗？有人花钱买时间：打的、坐飞机；有人舍命换时间：熬夜、加班。他们费尽心机赚取了一点时间，其实也就是用来换取钱财和荣耀，可是等他们有了钱财，有了荣耀之后，还是要用钱财和荣耀换取时间。况且，跟时间赛跑的人，总是容易出事故，跟交通事故一样，有多少倒在时间赛道上的人啊！

桃花不模仿荷花，桃花开放的时候，荷花也不急，不羡慕；大师不模仿别人，别人成功的时候，大师也不急，不羡慕。

万物从容，大师从容。

坦然面对挑剔

在大学同学聚会上，有一位女孩在向同学不停地抱怨她老板的不是。女孩说，那老板是个死板的法国老夫人，经常指责她这做得不好，那做得不对。女孩跟她聊天，她说女孩的法语发音不准。女孩说的那位法国老夫人，是个因体胖而行动不便的老人，她的女儿在上海的一家公司工作，女儿为了照顾老夫人，把她从法国接到上海，然后雇了能讲法语的女大学生做保姆。但许多女大学生都在这位苛刻的法国老夫人面前败下阵来，有的不辞而别，有的不能忍受老夫人的指责，索性与她争执。

正在这个女孩说得极气愤的时候，有个胖女孩凑上来，轻声问她："那你是不是不愿意再做下去了？如果你辞职，能否把照顾那位法国老夫人的工作让给我。"这位女孩一听，说："那好啊，我正求之不得呢。你肯定要受苛刻老夫人的气的。"

但让人绝对没有想到的是胖女孩成为老夫人的护工后，短短几个月，她和老夫人相处得非常好，更让人不可思议的是，这位老夫人还动员她在法国的社会关系，让胖女孩到法国去深造。不久，胖女孩获得了法国一所大学的正式邀请，还获得一笔奖学金。来年春天，她就可以赴法国深造了。

很多人都不可思议：为什么那么多的女孩子都不能忍受老夫人的脾气，唯有她，不仅与老夫人和睦相处，而且还能得到老夫人的帮助。胖女孩说："老夫人的确很苛刻，我去照顾她的第一个月，她经常挑剔我的缺点。譬如我的走路姿势不对，坐姿不对，眼神不对。有一次，我帮她取一块沙琪玛，我是用手直接拿给她的，老夫人突然大怒，她斥责我没有教养，说应该把沙琪玛放在碟子上递给她。当时，我眼泪差点儿下来了，真的想辞职。但事后，我觉得用手直接取食物给她，的确不太妥当。"

胖女孩是个不服输的人，她觉得老夫人的批评真的太没道理，太刻薄了。但是，当她审视自己时，却脸红了。老夫人批评她走路姿势不对，她回家对着镜子看，果然发现她走路的时候有轻微的跳动；老夫人说她坐姿不对，她下意识地观察自己的坐姿，发现自己坐下时，双腿没有合拢，真的很不雅观；老夫人说她眼神不对，她偷偷对着镜子观察时，她看人的时候，有一点点的斜视。原来，老夫人说的一切，全是对的。只不过，因为自尊心的原因，她在心里排斥着。

一个偶然的机会，胖女孩知道了老夫人的一些身世，她出生于一个贵族家庭，从小就接受了上层社会的良好教育。她是那种处事极有条理，生活极其精致的人。

胖女孩慢慢改变了对老夫人的看法，而对老夫人刻薄的批评也有了全新的理解。老夫人所批评的，正是自己的缺点，我为什么不能改变呢？此后，每当老夫人提出批评时，胖女孩不再对抗。而是认真去想，自己到底对不对？如果不对，她就努力去改正。她还阅读了大量的资料，了解法国人的一些生活习俗和禁忌。从此，老夫人很少批评她，她经常坐在客厅里，听老夫人讲一些故事，有时候，她会插上几句。听到开心处，一老一小，会发出阵阵笑声。有一次，老夫人带着欣赏的眼神，看着胖女孩，由衷地说："你真优雅，很迷人。"胖女孩真的变了，她的神态变得安静了，她的气质变得优雅了，还有她的法语口语发音，她说话的神态，她的眼神……老夫人还是第一次这样肯定她，而且把她与自己心爱的外甥女相提并论。

别人挑剔我们，那是因为我们自身存在不足之处，如果我们敌对这种挑剔，相当于我们在掩饰缺点，不求进步；如果我们改变态度，坦然面对挑剔，说不定这是一种契机，这既可能让我们脱胎换骨，也可能会让我们因此而走上成功的大道。

太阳雪

　　早晨起来，有阳光轻轻浅浅地照进客厅，心境顿时为之一亮。已经好多天了，没有见到太阳的影迹，日子总是昏昏沉沉的，灰的天，雾沉沉的地，连河水都失去了它莹亮的色泽，一切都黯然无光，在这样的日子里，我的心情也莫名地有些低落。

　　我走上阳台，站在宽大的玻璃窗边，将目光投向窗外。咦，外面竟然有雪，最明显的是路上，有一层薄薄如绒毯般的雪，静静地覆盖在地面上，让清晨的马路有了一种安详的味道。道路上人很少，偶尔会有人走过，那也许是赶路的人或者是一些晨练的人，沿着长长的河廊急走着或者运动着。在这样寒冷的早晨，唯有他们是充满着活力的。

　　遥望远山，那山上少了一些干枯，多了一些湿润和轻柔。山上，雪都不厚，匀匀地，薄薄地，如披上了一层白纱一般，令绵延的山峦忽地变得柔美起来，凸凹有度，玲珑有致，恰如一个美丽的少女熟睡在天地之间，那么优雅，那么沉静，那么妩媚，全没了往日的苍凉与空旷，也没了冬日的萧瑟与残败。一切，都因为雪的融入而变得有了一种诗意的味道。雪不厚，就那么薄薄匀匀地镶嵌在这山这树这林木之间。冬日的山岭不再死寂沉沉，也不再黯然失光，雪为它们扮靓了容颜，有了醒目和吸引人的观感。

　　我穿上大衣，换好了长靴，轻轻地掩门出去。我沿着汉白玉长廊慢慢地走着。多数人还在享受着周日的安逸，路上少有人走动，雪地少有被破坏的痕迹，浅浅的，薄薄的，绒绒的，很细腻，那么恬静安然地躺在地面上。说真的，我不想去踏，但是我又忍不住要走过去。一脚踏下，地面上留下一块零乱的空白。雪被我的脚步带走，留下一个并不规则的脚印，但雪却并不融化，我想是超低的温度给了它存留的机会，这让我有些庆幸。我真希望在这样的一个周末，人们会再多睡一会儿，以使雪尚可以在这纷扰的街市上多留一些时间。因为城市里的雪，总是来得快，去得也快，就如城市人的紧张而匆忙的生活。是忙碌的人们挤占了它存在的空间，人们有一千个一万个理由要去践踏它，人们有一千个一万个理由要去消灭它，因为它的存在妨碍了交通，人们要清除它；因为它的融化会成为积水，人们要扫掉它，以除后患。我们在内心都会向往着一个如雪的世界，但是在现实生活中，我们却又常常为利益所迫，而使雪成为难得一见的罕物。我有时常想，难道雪真的会是只有在一个人的时候才能享受它的纯洁与美好，难道有雪的天空也只有在夜深人静的晚上，才会出现在人们的脑际之中？

天空，雪很碎很小，小到如灰粉，如烟尘，但是却一直在下，在我的面前，在我的身后，在这林立的楼房间，在这世间的万物丛中。它们星星点点，悠悠地飘落，不慌不忙，不疾不徐，轻轻地落下，没有一丝声响，也没有一丝触感，唯有在你的视线触及的时候，你才知道，天空有雪在飘，而它并不是为某一个人在下，它是为世间的万物所下，为芸芸众生在下。它弥漫在我们生存的每一个角落与空间，就这么轻轻地、不事张扬地、悄悄地飘着，那么悠闲，那么安然，胜似闲庭信步。不知道为什么，我突然喜欢极了这种感觉。我就想着它这么无休无止无边无际地下着，从早晨到中午，从中午到黄昏，这样的雪，似乎并不妨碍人的生活，也似乎并不能给人带来什么危害，我们不妨让它与我们共度一个冬日。

太阳已经升上半空，泛着黄黄的光圈，就像是一只明亮的眼睛，中间是红红的眼珠子，周边是泛着黄晕的眼仁。这样的太阳，无疑是美丽的，也是难得一见的，它是摄影家希望捕捉到的，甚至会成为画家笔下的最爱，可是，在这样的一个早晨，被我一个普通的人欣赏到了。而我，除了欣赏它，除了心情为之一悦，我还能做些什么呢？我仰头望天，目光与它久久地对接，红红的太阳，轻浅的白雪，那漫天飞舞着的星星点点的雪花，这，该是一个怎样的诗意的日子！

路边有棕树，还有桂花树，树梢上都不同程度地堆积了一些深深浅浅的雪。绿的枝叶，白的积雪，仿佛是冬日里开出的洁白的花朵，远远望去，非常醒目，吸引着我一步一步地向它们走近。

忽然，传来几声女孩子的笑声，那样响亮，那样清脆。我转回头去，原来酒店门口出来了几个女孩子，她们拿着一把大铁锨，一个女孩子蹲在铁锨上，两个女孩子用力地拉着，蹲着的乐，拉着的也乐，脸上洋溢着唯有年少才有的无邪的乐趣。此情此景，让我想起了我的童年，我的童年里也有着无数个这样的镜头，纯真烂漫、快乐简单，而对生活又是那么的知足。这不由得让我停下了脚步，用一个中年女人特有的好奇观望着她们，她们并不避人，自顾自地乐着，那快乐而爽朗的笑声在冬日的早晨飘出很远。

我不知道她们生于城市还是农村，我想，不管生在哪里，只要拥有一颗阳光的心，在哪里都能够找到自己想要的快乐，正如这有雪的日子，太阳也一样会朗照。我放眼整座山城，眼前氤氲氲氲，阳光透过点点如烟尘的雪花，泛着异样的光泽，那山川，那河流，那楼宇，那行人，还有眼前的女孩，无不沉浸在一种浓浓的诗情与画意的氛围里。啊，太阳雪，真美！

十年之后的不后悔

1999年，我随孩子他爹来狮城闯荡新世界，当时除了年轻和热情，一无所有，与好几名年轻人合租一套公寓，去超市买打折的芹菜和鸡，因为一块新币插在手推车里拔不出而落泪伤心，为找工作，跑到新加坡地图上都没有标出的厂区，听了长到20多岁以来次数最多的NO。

我在无数次失意打击之后，依旧鼓起勇气，最后在一家国际学校教中文，开启了我在新加坡的职业生涯，并逐渐桃李满山坡。

起初，我真是找不到方向，不可预知未来，且总有打一枪换一个地方、此处不留爷自有留爷处的逃跑想法。随着日子的深入，我逐渐被新加坡打动，这里看起来苛刻，却入情入理；看起来拒绝，却暗自给你留着光明；看起来地域狭小，却内心宽阔，它很严格，却因严格而给予每个人自由的空间。

刚到新加坡时就被告知在新加坡吃口香糖是违法的，在车厢里吃东西喝水也违法，乱穿马路遭车祸无赔偿，后来陆续知道很多禁令，举手投足间都要考虑一下有没有被罚的可能，不停纠正自己在别处养成的坏毛病，规范自己的行为。日子久了才体会到没有规矩不成方圆，因为有这些约束，我享有着世界上最洁净的环境，最有秩序的交通，最安全的生活，最友善的态度。我这样一个总怒气冲冲、总抱怨、总叹气的女孩，在这样的环境里也历练得平和安静周到，会照顾体贴他人，被他人服务的同时也因感激而回馈他人。

在我20多岁的时候，我总是在思考，为什么这世界如此不公平，仅仅因为出生地不同，你就被划分进贫穷或富裕的国家，仅因为没有一纸国籍，你就天然低本地人一头，他们不屑去做的工作才轮到你，他们有薪水保障你却没有。我觉得穷我一生，都不可能过上那样纸醉金迷的生活。

因为，当别人在喝红酒品芝士的时候，我汗流浃背地在各色公交上穿梭；当别人穿礼服去听音乐会，告诉我一张票只有100多块的时候，哪怕送我票，我都买不起去观赏的礼服，那时候的我，一门心思就是干活，赚钱，买属于自己的房屋，过上普通本地人的生活。

日子就在自己披星戴月的行走里，在存款一点点的增长里，在沙哑的嗓音里，在追求梦想抠出睡眠写作的时间里一点一点光明。

我们拿到PR通知的当天，我举着存单骄傲地通知当时的老公我们可以看房去了。我们买了房，装修了家，开始有闲钱去马来西亚旅游，我们回国探亲，不再搬运牙刷毛巾回家却会给父母们带礼物，我们有勇气在新加坡生小孩，甚至到最后离婚还有大笔财产可以分割……

十几年过去，在没有一刻放松警惕、被生活追赶着前进中，终于，我一点一点过上了自己梦想的生活。直到今天，我回到这片教会我什么是真正的公平、什么是追求幸福、什么是岁月与成长印记的地方，坐在闹市的冰淇淋店点三球冰淇淋，看来来往往行色匆匆的路人，自己跟自己干杯，表彰过去十几年不懈努力最终可以浮生半日偷闲，像10年前我羡慕的韩国太太欧美女人一样不上班享受生活。

这世界没有一刻是公平的，它只为那些它需要的且不停努力的人打开大门，并每天挑战考验你的恒心耐力。我相信，只要你坚持，你也会和我一样，10年以后吃得上这杯包含酸甜苦辣欢笑眼泪，却只有感激没有后悔的冰淇淋。

席子熟了

　　天气一天热似一天，我到超市去买篾席。导购小姐告诉我，这是青篾席子，睡上一季就熟了。她所说的熟，是指经汗水的浸泡，肌肤的摩擦，席子不再粗糙不再刺毛毛、让人有扎的感觉了，且显示出一种光滑油亮。

　　儿时在农村，这种熟的概念会更广泛。譬如刚刚从铁匠铺子买回了一把铁锹、一把锄头或一把镰刀，那都是生货。刃口要经过与泥土或庄稼一段时日的亲密接触，柄在经过手的触摸后，它们也就熟了。不知是时光真的给它们揉进了一种看不见的精气神，还是人们习惯了，那使用熟了的家什就是不一样，它使得效率成倍提高，而且轻松省力。父母将这种用熟了的家什每每让给老人或孩子用，这也体现出了在乡间尊老爱幼无处不在的淳朴风尚吧！

　　并非所有的东西让它熟只要假以时日就够了，有些东西既要有时日的积淀，还更要赋予较多的技巧。

　　我家有一把紫砂壶，据说已历经好几代人了。仅那壶面，总透着一种幽幽的光，宛然就有无数的日晕月华跌落其上。要是你的手靠近了它，就似乎感觉到有一股磁力，让你的手掌贴于其上而似乎难以拿开。祖母说那是光阴的砺石将它打磨得太光滑了。

　　更妙的是它的功用。同样的茶，放到其他壶中，你喝了，会觉得那是寡淡的极普通的茶。而一经它的蕴涵，品一口，只让齿颊生香，周身舒泰。

　　其实这壶也就是最一般的壶，只是在刚刚买回时，用了上好的茶，精心泡了。于是它也就充分吸纳了茶的芬芳与精髓，这样有了两年的时光，再放任何的茶都会是上品。可见，这紫砂壶也就不单单是时间之手摩擦熟的，而且还是用心去"养"熟的。那是勇闯三关，智与勇的融合，才达到后来畅通无阻、无远弗届的境界。

这样说来，熟是一种付出，其中不仅仅是力道，而更多的是爱。你悉心调养它，呵护它，它也就通灵似的，让你解饥渴之恼，祛寒暑之变，给你心灵上的慰藉，精神上的快乐。也就是说，你付出了力道与爱，它也给你爱和精气神。

不禁想起了看到过一个报道。说是武当山有一位女子，一次在路边发现一只受了伤的雉鸡，遂带回家中。给它小心治伤，精心调养，待其康复如初后，放归山林。不想她人尚没到屋，那野雉比她先行到家，且不离左右，欢声啼鸣，翩翩起舞。此便是这位女子以爱的付出，与它熟了，它便要对她回报。

人与自然之物，就是这样一种奇妙的关系。一分田，一条渠，一棵树，一簇花，一只鸟，大抵离不开一个熟字。熟了，自有奇迹。

世界也有一种遗憾：熟了，也就磨损了，甚或泯灭了。譬如我去买篾席，只因原来的那席子熟了，也就慢慢烂了。正因为如此，才越显熟的珍贵。

可以说，世界是一个由生到熟，而每一次熟却是一种更高层次的熟，这样一种螺旋式的由生到熟的历史。亦是人与自然之物"换爱"的历史。如此，人与人，人与自然就能永久处于一种协调和谐发展之中，且不断进入人类历史的一个又一个新的高度。

第六辑
多给别人一个机会

多给别人一个机会，
实际上就是多给自己一个机会，
无论是管理公司还是为人处世，
这一点都尤为重要！

比天空更大的是人心

　　生活是一条路，延伸着人生的足迹和希望；生活是一杯酒，饱含着人生的清醇与忧愁；生活是一团麻，交织着人生的烦恼与快乐。

　　当生活中遇到了不愉快时，请不要去抱怨生活，因为抱怨好比是给生活增添了苦涩，而这种苦涩会像流行感冒一样传染给后面的生活，生活也会因此而黯淡，抱怨无济于事，它降低了自己的人格，也给这个世界增添了污点。

　　与其抱怨生活，不如赞美生活。如果一切顺利，就选美这如春天般生机勃勃蒸蒸日上的生活，感谢上苍的惠顾，感谢朋友们的支持；如果赶上了坏运气，就赞美那连日的阴雨天气让我们学会了冷静地思索人生，从而更深一层地认识了生命，并成长了我们的坚强；如果生活平淡如水，就赞美那波澜不惊的生活中我们还拥有平安和健康这么珍贵的财富。

　　当又一个初升的旭日照耀着大地时，让我们用欢呼来回报吧，给我们的生活献上一枝花，用感恩的心珍惜生活、赞美生活，当我们总是歌颂生活时，生命也会回报给我们一个又一个像花儿一样甜美灿烂的笑容。

　　包容别人是对他人的一种尊重、一种接受、一种爱心，有时候包容更是一种巨大的力量。互相包容的家庭一定和和美美，互相包容的朋友一定风雨同舟，互相包容的世界一定和谐而美丽。

　　包容是一种深厚的涵养，它是一种善待生活，善待别人的境界；包容是一种情操、一种美德，是化解矛盾的法宝，是消除隔阂的催化剂，它不但可以改善自己与他人的关系，也给自己心灵带来宁静与祥和；包容不是懦弱，不是胆怯，而是海纳百川的大度，是笑看风云的开怀与爽朗，包容不仅给了他人一个宽广的世界，也给了自己一片无限的天空。

生活的天地如此宽阔，我们没有必要在彼此摩擦中浪费时间，浪费生命。人生在世，大度一些，容别人所不能容，忍别人所不能忍，笑一笑，其实也没什么大不了。处处能容，事事看破，人生自当轻松、自在、洒脱。

天空很大，比天空还大的是人心！每一个人包容一点，大度一点，我们的生活就会更精彩、更和谐、更美好。

跛行的平坦路

我承认，那一块小石子我没把它放在眼里。

那天照例骑车往家走，水泥路上的石子像从暗处窜出的歹人一般，让我的自行车侧翻了，人车重量压在脚踝骨上。脚踝骨折，我不得不过起了跛行的日子。

我的体重本来超标，肥硕身躯让一只脚承受，着实委屈。这下好了，伤脚痛，好脚苦。一颠一颤地，眼中的事物也跟着上下晃荡。我担心路人抛出一些无关痛痒的同情目光，于是咧着嘴，将痛苦夸张地写在脸上，好让不熟悉的人知道，我肢体本健康，只不过是遭遇了意外而已。

其实跛行不时与我相伴。好多年前，痛风发作，关节红肿，里面好像无数小虫咬噬，白天连着夜晚，痛得没有缝隙，痛得无处躲藏。我认为脚疾总不是请假的理由，课是要上的，可通往教室的台阶，将我的痛苦一级级提升，到了课堂，我早已是大汗淋漓了。跛是痛引起的，崴的脚，肿得如刚出笼的馒头，哪会不痛。但这痛比痛风不知舒服多少倍，至少晚上睡觉时无须理会。更重要的是这种不动就不痛的痛法，可以让我躺在沙发上天马行空地遐思。

于是我想到了我曾经的跛脚同事，小儿麻痹症让他萎缩了一条腿，可上天就给他一个灵活的脑袋瓜。那年头考上中专是凤毛麟角，可他年年考取，也年年因跛腿不被录取。但他身残志坚，从未坠青云之志，终于走上了三尺讲台。不时还以自己的残腿自嘲，我们也跟着哈哈一笑。有时还取笑他，是天生的数学老师，走路都是一脚画圆，另一脚画圆的切线。好脚哪知残脚苦，以他残腿取乐，也映照了我等的无知与浅薄。

一个人体态发生了改变，心态就更加敏感，史铁生在《我的地坛》

中写出了他痛苦的心路历程。当时间消磨着记忆，痛苦变成了麻木，麻木钝去了敏感，最后转为强大的内在力量时，他的跛行往往使他走向成功与辉煌。

身体的跛行是一目了然的，可生活的跛行又有几人能知？我曾处在一个跛行的工作状态，三十多岁，无所事事，整天是人们所说的，一杯清茶一支烟，一张报纸看半天。在别人眼中我俨然是一个成功者，可又有谁知道一个旋转陀螺陡然停止时的不适。正如《老大的幸福》中的老大，不让他做心仪的事，生活自然失去平衡。

这又让我想到了人生常有跛行的时候。因为人生的路不都是平坦的，许多路程是凹凸不平的，甚至中间还有些暗石和水凼，你不得不跛行，而且还不够，说不定什么时候被暗石碰得头破血流；说不定什么时候被浊水溅得污秽不堪。你若揩去血迹，有"一蓑风雨任平生"的洒脱，就有苏子似的千古赤壁；你若挽起裤腿，有"虽九死其犹未悔"的决心，就有屈原样的不朽离骚。

当然你还要理智地审视跛行，若是腿病了，要尽快使它痊愈；若是路坏了，你也可以绕道而行；若真的绕行不了，那就想法填平；若你无法填平，那只好勇敢地面对。怨路不平无益，裹足不前无能，自怨自艾无须。

你只要坚信心不跛，就会走出个平坦路。

大声说话要底气

我在报社做实习生时有幸跟着一位见多识广的资深记者，老师洞悉世事，经常在谈笑间不经意地泄露天机。那天，他坐在办公桌前，轻描淡写地告诉我，人的地位越高，讲话声音就会越低。

其实，好多年以后，我才明白讲话音量与社会地位间这种微妙的反比关系：贩夫走卒平头百姓人微言轻，即使把声音提高八度，也不见得能有听众；而重要人物声音越低，越是有人围在身边拼命地伸着脖子听，也就因此越显得更加重要。所以就算是天生的大嗓门，一旦意识到了自己的重要，为了显示身份也得练着压低声音，好像19世纪欧洲淑媛们，宁可屏住呼吸也得套进提胸束腰的鲸鱼骨裙衬里，以免被人当作马夫的女儿或鞋匠的老婆。

这只是中国人关于声音的众多看上去匪夷所思，其实奥妙无穷的哲学之一。

不过这些哲学很难跟老外解释清楚，就像后来，我坐在纽约的咖啡馆里，与一个美国朋友闲聊时所做的徒劳努力。

这位朋友编辑着一个很草根的网上周刊，杂志的名字叫《不容错过的声音》。在一个七嘴八舌的嘈杂世界里，说者有太多的见解，听者也有太多的选择。势单力孤的草根阶层，必须借助像朋友的杂志这样的高音喇叭，当每个人都恨不得扯住别人的耳朵，告诉你他的声音不容错过时，声音的传播只能遵循最原始的规律，有理也得声高。

所以当东方遭遇西方需要面对面出手过招的时候，我们却常常吃了哑巴亏有苦无处诉。不管是欲擒故纵的捻须沉吟，还是谦和含蓄的君子之风，不是被当作智能不足，就是被看成自愿放弃，在吞吞吐吐或默不作声中自生自灭。生活在美国的华人对此心里最清楚。

结果就有华裔小学生，因为整个学期没有在课堂上讲过一句话，被老师认为有学习障碍，其实，他一言不发，只是因为妈妈告诫他开口前要先想好了再说。又有在大公司任职的华裔雇员，每次与客户开会时，只要他的顶头上司在场，他就尽量不说或少说，心里想着把表现的机会留给上司，结果却以沉默寡言、不善与客户沟通为由被辞退。连美国前劳工部长赵小兰也说，她小时候从中国台湾来到美国时遇到的最大挑战，就是学会像美国人一样抢着讲话和插嘴，只有学会了这个才有可能"融入主流"。占纽约人口12%的亚裔社区，只分得政府拨出的社会服务经费的1%，也是因为这个100多年前就在这里落地生根的族群，直到最近才搞明白"会哭的孩子有奶吃"的道理。

在我们的传统文化里，这多半会被看作"自以为是"，我们虽然常常在镜子面前自我膨胀，却早就学会在走出家门时夹着尾巴做人，我们常常发些不疼不痒的牢骚，却早知道它在出口的那一刻就会随风飘散无迹可寻。我们其实不乏有棱有角的真知灼见，但往往是还没开口，就被自己心里发出的一声冷笑弄得无地自容，便忙不迭闭了嘴。越是这样，我们就越习惯悄无声息。

只有大声的人多了，声音才可能恢复其本原的功能和形态。人们不用再整天绷紧着神经等着"于无声处听惊雷"，不用再担心自己的声音吓到别人或吓到自己，讲话也就有了底气。

想提高音量，最关键的也许并不是练嗓门儿，而是练信心。

低调的瓦罐

小时候，我家比较穷，来客人的时候，为了看着"排场"、显得菜量比较大，如果母亲做炖菜，就会用盘子盛，这样，不多的炖菜就能盛满大半盘子，然后再把汤汁舀进盘子，汤汁就会到达盘子的边缘。每次母亲把装着炖菜的盘子端上桌子的时候，客人看着满得快要溢出的炖菜就会高兴地说："你看看，客气啥，做的菜都快盛不下了！"母亲听客人这么说，感觉很有面子，笑着说："没有做啥菜，赶紧趁热吃吧！"

后来，家里的条件好了，再做炖菜的时候，就不需要费尽心思去"作假"了，母亲就开始用大汤碗盛了，连菜带汤地端进去，惹得客人又是很感激地客气。

再后来，哥哥与我大学毕业后，都参加工作挣钱了，家里窘迫了多年的经济状况一下子改观了，母亲买菜的钱充实了很多。于是，家里再来客人的时候，如果再做炖菜，母亲就用一只瓦罐盛。瓦罐口小肚子大，非常能盛，容量是以前用盘子盛的时候的3倍，是用大汤碗盛的时候的两倍。但是，把瓦罐连同炖菜一起端上桌子的时候，因为瓦罐口小，不能一眼看到里面的"实力"，客人虽然也感激地客气，但是，口气就没有以前用盘子或者碗的时候显得激动。这让我很为瓦罐打抱不平：为什么低调的大肚能容的一瓦罐炖菜却得不到客人更加强烈的赞美？

但是，没有多久，我的不平就烟消云散了，因为客人品尝炖菜的时候，放开肚皮吃，却总不见底，于是就愉快地发出感叹："哎，真够客气的，吃半天了，这罐子炖菜还没有吃一半呢！"也就是说，虽然瓦罐炖菜很低调，但是，真正吃起来，客人还是能感觉出"大分量"，还是会对瓦罐刮目相看的。这让我明白瓦罐的"低调"并没有埋没自己的实力，只要经受住考验，还是能得到大家的认可的。

　　参加工作后，由于自己不爱表功，尽管我工作非常勤奋，尽管我常常主动加班，尽管我的职场业绩非常好，但是，由于不善于在老总面前表现自己，很多时候，老总就忽视了我的功劳，倒是那些喜欢在老总面前表现的人很得老总的欣赏。有段时间，我很有些心灰意冷，感觉职场上真是太不公平：埋头苦干的倒不如那些会在老总面前"作假"的人受重视。但是，后来想想用盘子、碗以及瓦罐装炖菜时，客人相对应的态度，以及最后认识到"瓦罐"才是真正口小肚大能容后的惊喜，我心情就会好转起来，因为我相信老总早晚会发现"瓦罐"还是比盘子以及汤碗有"实力"的，迟早会为有我这样的员工而"惊喜"的。于是，我继续像以前那样卖力地工作。

　　路遥知马力，日久知"罐"深！后来，老总发现我才是低调勤奋做出更多贡献的员工，于是开始提拔重用我了，好像要弥补以前对我的"忽视"一样，对我提拔的速度很快，从部门副经理到经理，到总监，再到公司副总，仅仅用了3年的时间。后来，我们公司兼并了同行业的几家公司，组成了一个集团公司，我又升职为集团副总。

　　如果非得让我总结职场升职的经验，我只能说：弄虚作假瞒得了一时，瞒不了太久，时间久了就会露馅！只有靠实力说话、靠品质说话才能走得更远，从这个意义上来说，我们应该向职场"瓦罐"致敬，向职场"瓦罐"学习。

多给别人一个机会

迈克尔·克里泰利是美国商界最耀眼夺目的明星首席执行官之一，他在必能宝公司的任期超过了10年，并且把公司的业务扩大了好几倍，迈克尔认为这一切全应归功于自己的性格，那就是自己总是愿意多给别人一个机会。

迈克尔经常用这样两则事例来说明自己的做事风格：有一次，必能宝公司要招收几位员工，他亲自挂帅任考官，在谈到工作责任心时，他举了日本职场上"把厕所洗得可以喝里面的水"这则故事作例，要求大家工作要有责任心、耐心和细心，就在大家都点头称是的时候，有一个年轻人却要拿回简历退出应聘，就在他准备离开的时候，迈克尔决定给他一个机会，让他说说心里的想法。

那个年轻人回答说："世界上的任何一件物品都有自己的功能，功能不一样，要求也不一样，清洗厕所事实上只要达到去除污垢和异味就可以，如果硬要把厕所清洗得里面的水可以喝，那就等同于在用一把手术刀的标准去清洗一把柴刀，无端地浪费时间不说，过于漫长的清洗过程还会影响厕所的正常使用，所以我认为，只要是在每一项事物各自的功能之内，努力做到最好就行了，没必要非得把厕所清洗成茶杯！"

迈克尔觉得这个年轻人有想法有立场，就正式聘用了这个年轻人，几年后，他成了公司里最优秀的员工之一。

还有一次，公司要投资一个重要的项目，迈克尔采用投标的形式海选最佳的合作者，终于把眼光落在一家实力雄厚的公司上，决定和那个公司的老总约翰见一面，商议具体事宜。

一个下午，迈克尔打电话通知对方，让他在半个小时以后来自己的办公室面谈。一直等了1个多小时，约翰先生才急匆匆地进来，他又矮又胖，眼睛红肿，穿着一身灰色的西装，脖子上没有打领带，满头的金发像丛生的杂草，唇边留着稀稀拉拉的胡须，显得憔悴不堪，约翰先生涨红着脸对着迈克尔说："你是迈克尔先生吧，我叫约翰……"说话的同时，满嘴的酒气已经喷了出来。

迈克尔心里一阵不快，正想找个理由把他打发出去，当然，合作的意向也会由此中止，可是他又转念一想："如果他没有一点真才干，又怎么能把自己的公司打理得这么出色？"迈克尔决定和他聊一聊。

原来，那位约翰先生在此前的32个小时里，一直忙碌着工作，刚在一个小时前回家休息，临睡前还喝了一点酒打算尽快入眠，没想到迈克尔偏偏在这个时候给他打了电话。不巧的是，他的企划书还在公司里，于是他匆忙起床返回公司去拿……

迈克尔当场就被打动了，面对这样一个刻苦勤奋、责任心超强的老板，自己还有什么理由拒绝或者放弃与他合作呢？他们的合作果然取得了圆满成功，双方都跨上了更高的一级台阶！

"多给别人一个机会，实际上就是多给自己一个机会，无论是管理公司还是为人处世，这一点都尤为重要！"迈克尔·克里泰利经常这样和别人分享自己的成功心得。

凡事不能太过

有个秘密在我心中藏了许多年，从此我知道自以为聪明绝对是灾难，也知道力不可使尽、势不可用绝，在精打细算之余，应给对手留些余地。如果让自己的贪婪恣意横行，一旦跨越了对方的红线，一切算计都会变成镜花水月。

事情最开始源于一个同事曾经说的一句话，它让我思前想后，琢磨再三，久久不能忘怀。

那时公司正在洽谈一桩生意，而我是谈判代表，标的是一本创办很久的刊物。创办人因年事已高，不想再做，询问我们公司是否愿意接手。这本刊物是我感兴趣的类型，而且与集团内的现有产品有互补效果，所以我使出浑身解数以期谈成此案。

对手是个单纯、善良的经营者，而且真心诚意想卖掉这本刊物，因此谈判尚算顺利，最后只剩价钱。而我则费尽心思，希望用最低的价钱让公司得到最大的效益。就在这个时候，一个同事开玩笑地对我说："你不要把人家欺负得太过分！"听了这话，我当场愣住。为什么同事会这么说呢？难道我努力把价格谈低有错吗？我不愿追问同事这样说的原因，我只能仔细地解析整个谈判过程，试图给自己一个答案。

首先我确定，对手真的是个好人，他真的想把手上的杂志卖掉，也没有要借机捞一笔的意思，所以几乎对我提出的所有说辞都没有意见，他只求尽快结束这次谈判。其次，我也确定，我比对手精明太多了，心思也复杂得多，我不断地测试他的成交底线，也不断地尝试各种方法、找各种理由压低价格，而且一再得逞。想完这两点之后，我开始觉得我的同事说得有道理，我确实在利用对方的单纯、善良，然后不择手段地

"算计"对方。

我并没有错，因为我没有图谋己利，我是在为我的公司争取最大的利益，我所有的努力都是一个专业经理人合理而必要的作为。只是这个作为在旁人眼中可能做得"太过"，就连我的同事都会用开玩笑的口气提醒我别太放纵，别步步紧逼。

我开始精算购买价格的合理性，我发觉其实我已经谈出了一个不错的价格，只不过我觉得还有降价的空间，才会锲而不舍地持续议价，我是真的"太过"了。

确定我自己正在做"赶尽杀绝"的事后，我决定放手，就此与对方签约，达成协议。没想到这位看来单纯、善良的对手在知道我不再杀价之后，缓缓地告诉我："还好你自动停手，否则我已下定决心，如果你再得寸进尺，我就不谈了，不论你出多少价钱，我都不卖给你了！"

看似单纯、温和的人，其实已饱经世故、看透世情，只有愚昧的我还自以为聪明，觉得有机可乘。我差一点丢掉一个机会，更差一点把自己变成一个狡诈、丑陋的笨蛋。在千钧一发之际，我侥幸得到了一个双赢的结局。

这个秘密在我心中埋了许多年，一方面，我悟到了自己的局限，另一方面，它也让我知道，凡事不能太绝。让自己那点"聪明"无限上纲，表面看是自己掌握了主动，在抢占地盘，但很可能功亏一篑。

忽视有时更显关注

　　朋友的孩子今年参加高考，临场发挥极不理想，没上录取分数线。高考过后，向朋友询问小孩成绩的人如过江之鲫，这些人里有孩子的亲人，有朋友的密友，有街坊邻居，也有一般的熟人。朋友说，每次回答别人的询问都是一种煎熬，内心里她多么希望大家忽视这件事啊！

　　同事的妻子下岗在家，两年前在街心开了一个布艺吧，因为生意不好，一直亏损，最近把门面转让了。熟人们见了他，七绕八绕总要扯到这个店子，让同事哭笑不得。后来谁问他家店子的事，他就反问一句：想让我把店子打给你吗？多出点钱吧！这样的次数多了，别人也就不想再问。

　　中国人是很讲人情的，遇到别人有事，不去关心一下，总觉得自己的礼数没有到位，内心里会生出一种惶恐。然而，我们应该明白一个道理：不愉快的经历往往会在当事人的心里留下阴影，能够少让当事人回忆一下痛苦的往事，客观上就是对他的关心。人们接受关心和安慰是有底线的，如果你跟当事人关系特别亲密，关心一下他的生活、安慰一番他的失落，当事人会非常感激；如果你跟他平时关系比较冷淡，不妨故意"忽视"一下别人所经受的挫折，让他感受到你的理解、宽厚。

　　最要不得的是这样一种情况，少数人关注别人的家长里短，不是出于真正的关心，而是为了满足自己的好奇心。这些人一般都没有什么理想，事业上表现平平，又有大把的闲暇时间，极想在小圈里获得别人的尊敬，于是，四处收集有"新闻价值"的材料，并以此作为自己"博闻"的见证。他们是谣言和小道消息的重要载体，是可畏的"人言"的主要组成部分。其实，人有点好奇心并不可怕，可怕的是拿别人的伤口当味精撒来撒去。对这种为了满足好奇心的"包打听"，我想送给他们一个建议：培养高尚、健康的业余爱好，给自己多余的精力找个"出口"。

人都有一种心灵的"势力范围"，这种势力范围只属于我们自己和那些我们特别看重的人，一般人踏足进去，我们会感到极其不安。"包打听"们应该明白这样一个道理：对于那些与你只有点头之谊的人，对他们人生伤痛的故意"忽视"，不是冷血，许多时候反而是一种更深的关注和体谅。

活就要活得清爽

一位海外朋友说，有一次一个政客在拉选票时，不停地谈今后要怎样为当地搞来更多的钱。当地的一位老太太听着听着就插话说，我们不再需要这么多钱了，我们的钱已经足够花了，我们现在最需要的，是要我们的孩子还能够继续到海边捡贝壳。

老太太的话让在场的人一愣，随即一片掌声。政客是懵的，一时对不上口，因为他一辈子也搞不懂这是怎么一回事、怎么一种逻辑。

老太太的要求简单之极，而且这么具体：能够让孩子捡到贝壳。她的要求看起来极小，其实很大。因为海边的贝壳没有了，要解决这个问题看来不是个小问题。究竟是怎么将贝壳弄没了的，这可能是一个极复杂和极长的过程。这显然并非一日之功。所以老太太的要求看起来小，实际上大得不得了。

海水污染到怎样的程度，又经历了怎样的阶段，老人没有谈得太多。她只是要求捡到贝壳。类似的要求，有的地区还化为了行动。比如有的地方为了保卫自己的生存之地，民众能够一起躺在海滩上，躺在隆隆前进的机器前面，宁可死了也不让开建有害的工厂。这样的民众一个会等于一万个，所以有没有这个力量大不一样。西方人说"牛奶不好，奶酪也不会好"，就是在说民众的普遍素质与管理者的素质，讲这二者之间的关系。

所以我们平时也需要从讨论"牛奶"开始。可是我们现在很多的时候，仅仅放在讨论"奶酪"上，却忘了奶酪是从哪里来的了。当然，后一种讨论也是必需的、紧迫的。

小资的生活理念很畅销，这可以理解，但不能不将其加以分析和区别，特别是不能将它混同于简朴生活的理念。在大资们看来，小资们已经很简朴了，这种生活简单而又不失体面，故可以谓之"简朴"。其实呢，简朴与否，这不仅是个物质葆有的程度问题，还有精神质地的问题。小资的简朴理念与真正的简朴生活理念，这之间的区别当然很大。

粗粗一看，小资们似乎涉及简朴生活，大谈小城或郊外风光，还有旅游远足之类。这就是简朴吗？那么怎样的奢华才不算简朴？如果走向了这种所谓的"简朴"，离更大的奢华大概也就不远了。

自然环境回到原来的、好的生态时期，对自然环境来说就是一种简朴。人文环境回到诚实和有信，对人文环境来说就是一种简朴。简朴就是真实无欺，就是极为符合人性的一种简单。简朴当然不会是简陋，不会是穷棒子精神。

现在这个时期的中国，刚开放不久，向西方学习，很向往资产阶级、特别是小资产阶级的生活。因为大资产阶级学不了，台阶更高，所以先学学小资。将来有了条件，就肯定会学大资。欲望是没有止境的。现在不学小资，不是觉悟，而是财力所限。所以这时候围绕着小资话题，从这个角度，谈了那么多的简朴和简单，实际上也是不得已而为之，是退而求其次的做法。

简朴生活不是在对比中被确定的，小资生活也并不能因为大资的对比而变成了简朴生活。简朴是一种生活质地，是精神也是状态，这与第三世界初来乍到的小资生活毫无关系。

有人在商品经济中发了财，然后就卖力地推销一种生活方式，什么怎样抽雪茄，怎样吃巧克力、喝红酒，这方面的知识印成的图书一排排的。小资的欲望调动起来是很容易的，调动者完全不负责任。据说这可以让人变得高贵。他们闭口不谈这样也可以让人变得轻浮。要知道雪茄、巧克力之类并不是土生的国货。把洋化生活等同于高贵的生活，这是什么心态和逻辑？

有人引进欧美，特别是美国简朴生活的概念。我们觉得不是那么回事。讨论一下什么是简朴，简朴的必要性和可行性，简朴的理念，在这个时期十分必要。因为不同的理念会引导不同的生活。这些都得想透，不能人云亦云。关于整个欲望社会、消费社会，从能源消耗到伊拉克战争，不妨什么都想一想。因为这是一个立体的问题。有人不断地举例，说一些欧美头面人物所谓的日常"简朴",我却深深怀疑。

谈简朴不是反对人类强烈的求知欲,不是反对科学,不是推广愚昧,不是清教徒,不是反对俗世多给别人一个机会。简朴正是回到真实的俗世,是不为物质所累。简朴会让人类社会生机勃勃,会保持和推进人类的文明成果,会让人类长存。不妨回头看看自己的历史,如春秋战国。

齐国的科技和物质在当时是最进步最丰饶的,出土的车马文物何等华丽精巧。轿车上都铺着地毯,漂亮得不得了,到现在看也是极为舒适的,上面还有酒柜,有精美的酒具。在艺术上,像韶乐,令孔子听后三月不知肉味。但这样一个大富大贵的齐国,最终却被秦国灭亡。而同时期的秦国粗陋多了,他们却举着冷兵器从西部打过来了。

齐国被物质所累,上层人士一味追求奢华,哪里还谈得上简朴生活。齐的鼎盛时期是威王宣王阶段,那时的国都临淄如何了得。齐的昌盛与占领东莱古国有关,这个古国在胶东,可能以今天的蓬黄掖为核心。齐国从此大得渔盐之利,还据有了天下最大的铁矿、最先进的炼铁技术。它的边界最远的时候到了莱芜。从此齐国的纺织、大米天下无双,还有无数的战马和铁器。这就有了后来国都临淄的"举袂成云,挥汗成雨"。

它物质上这么发达,在当时是最不愿过简朴生活的一个国度,所谓的最繁荣、科技最进步、生产力最先进,但就是被最不发达、最粗蛮的秦国给灭亡了。物质和文明是伟大的创造物,但是它也能使一个民族很累很累。

看来一个民族真是需要简朴的生活理念,要活得清爽一些。

剪断那条麻绳

  1853年的某天，位于纽约42大街的布莱恩特公园里，矗立着一座通透极致的建筑。在这个名叫"纽约水晶宫"的巨型建筑里，美国人正在举办第二届世博会。这也是美国第一次向全世界展示自己成就的一次展览。

  世博会开式开始后没多久，很多人被一个年轻人的冒险举动给惊呆住了：只见他登上升降机的平台，把自己升到10余米高的高处，然后，示意自己的助手把缆绳砍断。年轻人的这个举动，让围观的人发出了惊恐万状的尖叫，所有的人都不敢看，都说这个人肯定是疯了，不然怎么会做出如此疯狂的举动？

  对当时而言，升降装置已经比较普遍，但是都有一个共同的缺陷，也是一个致命的缺陷：垂吊着升降装置的只是一些普通的麻绳。麻绳在随升降装置上下的同时会不断地产生磨损，人也就随时面对着因为麻绳的断裂而发生坠毁的危险。

  就是这个关键的问题没解，很多人不敢轻易上升降机，生怕在升降机拉升时缆绳遭到磨损发生断裂，随着附载平台一起坠毁。而现在，这个年轻人，竟然要助手主动把缆绳剪断，这不是在自寻死路吗？

  可是，这个年轻人面部却毫无惧色，果然地对着助手喊："请你剪断吧！"

  在助手拿剪刀剪断缆绳的时候，人们停止了尖叫，全部屏住了呼吸。奇迹也就在缆绳断的那一刻发生了：年轻人并没有随着平台掉下来，而依然站在悬挂在半空的平台上，手拿礼帽向大家挥舞着说："一切安全，先生！一切安全！"

  大家觉得不太不可思议了，现场一片欢呼声，人们纷纷打听这个勇敢又聪明的年轻人到底是谁呢？

这个年轻人就是伊莱沙格雷夫·斯·奥的斯，是一个技术娴熟的机修工人。在此之前，奥的斯接到一个老客户的任务，用升降机来帮他运输一批货物。因为升降机的安全系数差，奥的斯就在心里琢磨着，能不能在绳子断的情况下，升降梯依然不往下掉哟？他埋头潜心研究，最后设计出了一种制动器。这种制动装置可以在吊绳失去张力的时候，使弹簧可以自动释放插拴卡住两边导轨的齿条，因而使升降机停留在半空而不坠下。

奥的斯的装置被那个公司一试用之后，一下轰动了，有不少的公司要求他帮忙生产这样的2制动装置。奥的斯也从这里看到了巨大的商机，他准备将研发的产品推广到全美国乃至全世界。可是要怎么样让更多的人知道自己这独特的创意呢？

恰巧，1853年，的这次世博会给了奥的斯一个大显身手的机会。在世博会上，奥的斯一次又一次的安全演示让大家完全信服，他的奥的斯升降梯很安全，很可靠！也就是从这个世界开始，奥的斯制动装置被逐步运用到各种升降机甚至是后来的电梯当中。

但是很多人不知道，其实就在两年前的伦敦，一个叫作福德·瑞尼尔的工程师已经发明了一种矿井安全升降机，成功解决了矿工们上下矿井时遭遇的缆绳断裂问题。只是这个福德·瑞尼尔发明后，直接将这些技术运用到矿井当中，而未能被许多人所知晓，因此他也就寂寂无闻。

这个矿井安全升降机的原理其实和奥的斯的升降机装置一样，但是，正是后者懂得借助世博会来"扇风"，才使得自己的创意在短短时间内被诸多人熟知和运用，不能不说，奥的斯这个后来者实在是很懂得抓住"世博会"这个难得的机会啊。

和糟糕说"拜拜"

在公司，我素有"小超人"之称。比如公司多年的烂账，拿不下的客户，我都能一一解决。一次例会上，老板说："我们公司有一笔几万元的货款收不上来，谁能收上来，公司奖励一半货款作为酬劳。"当别人犹豫不决时，我自告奋勇说："让我来做吧，保证完成任务。"老板看见是我，沉默了一会儿对我说："这个事情让别人去或许更合适。"我一听不服气了："老板，您觉得我拿不下来，还是我应该把这个机会让给别人？"老板又想了一会儿说："好，那你就去试试。"

我觉得收几万元的货款不是什么难事。刚开始，我用"情"慢慢感化对方老板，可行不通；接着我来横的，对方老板"摆烂"，我也没招；我与对方老板死缠烂打，他也不着急。我想了很多办法，然而收效甚微。一次，他据实相告："不是不给钱，而是公司根本没钱。你要告我也行，我的公司破产了，你要走法律程序，拍卖厂房也没有多少钱，就是有，法院也会优先支付员工工资。"我一听，这个老板还挺懂法。这个既"懂法"又"赖法"的老板，真是让人头痛。

折腾了几个月，我开始狂躁起来，因为这个款收不回来不仅没面子，而且会打破我在公司百分之百的回款记录。我开始无缘无故对下属发脾气，对老板交代的事心不在焉，对客户也不再真心相待，以至于下有抱怨，上有不满，客户投诉。事情仍旧没有进展，我感到糟糕透顶了。

怎么办呢？清醒的时候我也想放弃，放弃也许是唯一解决糟糕状态的办法。不清醒的时候，我甚至有几次想自己拿出几万元当成是收回的货款。不知不觉的折磨中，我的头发突然白了很多。

有一天，我终于被这件糟糕的事折磨倒了。在医院躺了三天，公司不断有人来探望我。我问起公司的情况，他们都说公司好好的，没什么可担心的，你就放心养病吧。我静静地躺在病床上，终于明白：没有那几万元的货款，公司也不会损失什么；没有我，公司也照样正常运转。我也想到了在上一个公司，遭遇到"跳与不跳"那种糟糕的折磨，多亏那个时候快刀斩乱麻才有了在这个公司的如鱼得水。想通了，我发现病也就好了。

回到公司，我对老板说："老板，这件事情我完不成，我决定放弃了。"老板见到我，从大班椅上站起来走到我身边，拍拍我的肩头说："回来就好，放弃也不是什么丢人的事。"我说："虽然我放弃了，但总觉得有些可惜。"老板说："不瞒你，这个公司货款我催了半年，一无所获，那时我也知道这个货款可能是烂账，但我还是不死心，开会说出这件事，没想到你用了十分的精力去做这件事，没收回货款，反而造成了其他工作很糟糕。我本想早点和你谈谈，其实，遇到难题不退缩是好事，但当你知道这件事没有办法完成或者是完成了还要付出更大代价时，那就应该有结束继续做下去的决心。这个世界并不是你努力就能有收获。快快把糟糕的事情结束，也是一种本领。"老板的一番话让我深受鼓舞，心情大好。

人在职场，适时放弃和结束不是害怕和退缩，而是一个智慧拐弯，它能让前面的路更加宽广和平坦。我非常感谢人生中有那么一次深刻的失败经验。从那以后，我懂得了一些事情还"没那么糟糕"；面对一些糟糕的事情，总能找到解决的办法。工作上，我的状态越来越好，业绩也越来越突出，我又找到了做"超人"的感觉……

人生这辆车

小的时候，对一个叔叔印象深刻。

三十多岁还不结婚，留长发。一到周日，就举着鱼竿出门。摩托车刚面世，他便借钱买来，后座总带着漂亮的女孩子呼啸而过，出尽了风头。

他没什么亲戚朋友，也没有很高的学问，在一家普通的研究所里做试验员，喜欢跟孩子讲话，会问我们看什么书，最近有没有好玩的游戏，学校里老师凶不凶等等。但很少有孩子敢进他的房间去，因为大人都说，他既不正常，又不正经，家里没有老婆孩子，不安全。

这么一个让人感觉不安全的人，40岁时，终于结了婚。原来新娘的哥哥，是他童年时要好的朋友，突然去世，留下了这个残疾的妹妹。他娶她进门，是为了更好地照顾她。

没多久，他的老婆，没心没肺地，将他为她画的裸体素描拿出来给人看。大家这才知道，原来他自学绘画很多年，竟一直藏有做画家的梦想。

但这个梦想，很快就随着生活的艰难破灭了。一来老婆身体不好，没有工作，还要长期吃药；二来他们收养了一个孩子，处处都要花钱。

他剪短了头发，卖掉了摩托车、留声机、钓鱼竿。有一天，他搬出好几个大纸箱，将他这些年画的画，全部点燃烧掉。从此，和普通男人再无区别，专注养家。

还有一个女友，大学毕业时，已拿到去美国读硕士的奖学金，但因为和男友热恋，不愿分开，于是一毕业就结婚了。

婚后丈夫辞去工作，下海做生意，却处处不顺，家用几乎全靠她不高的工资。几年后，生了儿子，却被查出有自闭症。幸好此时丈夫的生意出现了转机，她便辞去工作，在家专心带孩子。

丈夫很希望她能再生一个孩子，她不肯，觉得那样一来，她可能会更喜欢那个聪明漂亮的孩子，从而冷落生病的儿子。

男人的生意渐渐做得好了，心思不再放在妻子和生病的孩子身上。有一天，他对她说，离婚吧，外面的女人已经怀了他的孩子。

女友万万没有想到，辛辛苦苦牺牲自己，竟换来这样的结果。大家都说，早知道这样，当初大学毕业就该出国读书。

他，从老婆怀孕的那一天起，就打算培养出一个不同凡响的孩子来。于是，从孩子呱呱落地的那一刻起，他就为他设计了精确的人生走向：一岁背唐诗、两岁背英文、三岁识字、四岁学算术……14岁上大学、19岁读博士……28岁做总裁、35岁成为亿万富翁……

儿子一岁了，话还不太会说，就已经开始跟着他背唐诗宋词……之后的一切，都是按着他的设计来的，偏偏到了20岁，儿子严重厌学，得了抑郁症，自杀未遂。

是啊，没有谁的人生路，是可以在出发之前就设定好方位，从此便一路高速，畅通无阻地直达目的地的。

人生这辆车，没有GPS。

他希望自己这辈子能自由自在，天马行空，没有想到，却在中途要和另一个女人牵手同行。从此，他心甘情愿地背起十字架，负重累累地远行。

从热恋到结婚，她一定将人生的方向盘对准了夫妻恩爱、家庭和美这条路。却没有想到，不幸接踵而来，道路一片模糊。

他本以为孩子是一张白纸，只要他为他指明一条康庄大道，他就会到达功成名就的山顶。可是在某个会车的路口，儿子和他走散了。

但是，面对这些暗藏玄机的岔路，他们化繁为简，终因刻骨铭心的爱，给了自己最好的答案。

他说：如果没有娶妻养子，我哪会知道人生还有这样丰饶的景色？

她说：也许那时我事业有成，家庭幸福。但我和这个儿子，又怎样相逢？

　　他说：我看好的这条路，终不是儿子想走的路。我自己走不到那里，也就不能要求他走下去。

　　没错，虽然他们都偏离了当初设定好的位置，但他们却都又在看来不可逆转的窘途中，开出了一条新的生路。而这，才是所有人殊途同归的终极之地吧，正如GPS上的一条条河沟、高山、小路、隧道……那分明是在对我们说，走过它们，只是为了认识自我、认识爱。

人生的银牌

运动大概生来就要让人绝望：如果你是浪里白条，却不幸与游泳健将菲尔普斯同场，你的位置从望其项背到望尘莫及，最后是神龙见尾不见首，波心只管荡，冷月自无声；或者你天生神力，但你的对手是土耳其举重神童穆特鲁，你青筋直暴，你大吼一声，你竭尽全力，你只差没吐半口血说"再不能了"。他气定神闲，一抓成功，还卡哇咿地吐吐舌头。

各行各业都一样：出身贫寒的高斯，显然从来没参加过培优、奥赛、提高，他10岁，就发现了等差数列公式，震惊朝野；而才7岁的骆宾王——别忘了，中国人还是计算虚岁——在牙牙学语了"鹅鹅鹅"三个字之后，脱口而出"曲项向天歌"，从此不朽。

有一首诗这样说："书到今生读已迟。"确实是迟了，有些人携带着前世的记忆，有些人生而知之，还有些人，根本就是鲤鱼精转世或者小龙王附体。大部分运动员，金牌不会与之有关；绝大多数科学家，牛顿是牛顿，他是他……就好像现在的我，明白斯德哥尔摩音乐厅的大门不会为我打开，我该怎么做，永远放弃与文字的情爱吗？

我最近在看李长声的《日边瞻日本》，他在里面说某作家："没什么名气，像众多的作家一样，是给著名作家和流行作家垫底的，不然，就那么几本名著或畅销书可构不成文坛。"我就笑起来，像在说我一样。

有一段时间，我很质疑自己的写。

几乎所有的父母，在亲子论坛上说到自己的孩子，都是"聪明、活泼、健康"，哪里有这么多聪明人？行年至此，我已经明白我其实没有才华，上帝在打发我投胎的时候，较敷衍了事。承认这个，令我难堪，但我决定对自己诚实。我写了这么多年，我写得又不好。这世上的垃圾书已经

· 178 ·

满坑满谷，多我一本意义在哪里，我何必要写？

后来有一次，我走进人生的幽林，最痛楚的时候，是阅读给我以安慰。我不能看艰深的著作，因为痛令智昏，我的脑子不够用了。我就看随便杂志上的心灵鸡汤，忽然被一句话击中，掉下泪来。

那一刻我明白了：只要我曾经安慰过一个人，有一个人，从我的写作里得到过益处，因我的文字哭泣，我就没有白写，不算白来世上一遭。而我，深爱这个行业，像爱有夫的罗敷，不愿意还她明珠双泪垂，愿意一直一直追求下去。

银牌也需要有人拿。在人生的赛场上，最重要的可能是超越自己，永不言弃，永不言倦，永不言辱，永不言败。

上树的山羊

小时候，爹让我喂牛。

我觉得，喂牛很容易。我把草料筐放在地上，将铡好的草倒入筐内。可是，牛只吃了几口筐内的草，便挑三拣四，不好好吃了，并且不时地用嘴将草拱到筐外，用前蹄胡乱地刨着，将好端端的草料糟蹋了。

爹对我说："你得想想法儿让牛正经吃草啊！"

我说："要不就加点饲料吧。"

爹说："加上饲料牛就更不会吃草了！"

"那怎么办？"我有点为难了。

这时，远处有一只山羊正在上树。爹指了指正在上树的山羊，问我："看到了吗？"我顺口回答："嗯，羊上树！"

在我们老家吕梁山上，山羊是会上树的。但此时我还不明白爹让我看羊上树有何用意。

爹说："虽然在树下也可以很轻易地吃到树叶，但山羊却要爬上树去，而且尽量上得高高的，伸长脖子，跷起蹄子，去吃树枝远处的叶子。就是因为它觉得经过最大努力得到的树叶才更加好吃！"

听完爹的话，我突然心里一亮，说："好了，把草料筐挂起来！让牛也伸长脖子，跷起蹄子！"

爹点点头。于是，我把草料筐挂在了墙上，而且挂在让牛经过努力才能勉强够得着的高度。

奇迹出现了。筐子还是那个筐子，草还是原来的草。可是，牛对挂在墙上筐中的草突然产生了兴趣。只见它仰起头，伸长脖子，跷起前蹄，兴致勃勃地去探找，津津有味地吞食好不容易用舌头卷到口中的草……

羊上树是为了寻找它自己的追求和所爱。把草料筐子挂起来，就会使牛产生一种征服的欲念。

尊重不幸和苦难

不幸和苦难，也是一个人的隐私，擅自曝光他人的不幸和苦难，是一种严重侵犯他人人格尊严的行为，是对他人人生的一种亵渎和践踏。

科茨沃尔德市是英国的一座只有20万人口的小城，有一千多年的历史，至今还保留着15世纪的古城堡、风车、小巷和油灯。小城的屋前房后都开满了鲜花，山坡上的牛羊在悠闲地吃着草。小城的民风朴实、生活平和，仿佛一处世外桃源，令人流连忘返。

苏姗是生活在这座小城的一位普通居民，两年前，她的丈夫道格拉斯在一次车祸中不幸去世，从此，她凭借一个人的力量养育着两个孩子，一个8岁，另一个才3岁。日子虽然过得有些艰难，但在苏姗的精心料理下，一家人过着幸福甜蜜的生活。在社区举办的文艺活动中，常常可以看到苏姗领着两个孩子，在台上放声歌唱，歌声悠扬缠绵，在人们心中荡起层层涟漪。

没想到，这种平静幸福的生活，又一次被一场突如其来的不幸打破了。一天，苏姗将两个孩子哄睡，走进厨房给孩子们准备午餐。打开煤气，将油倒进锅里，这时，她发现做菜用的色拉没有了，于是，她赶紧出门去买色拉。

苏姗买好色拉往家走的时候，发现许多人在惊呼："不好了，失火啦！"她抬眼望去，不禁大惊失色，只见滚滚浓烟和火苗正从她家的窗户里往外冒，她疯了似的往家里跑，大喊道："家里还有我的两个孩子！"等到街坊和消防部门将大火扑灭，她的一个孩子已被大火夺去了生命，另一个被烧伤。遭此噩运，苏姗一下子被击倒了，住进了医院。

当地电视台得知这个消息后，派出记者前来采访苏姗，他们想把苏姗不幸的家境报道出来，让更多的人帮助她。苏姗躺在病床上，得知记者的来意后，她立刻婉言谢绝了记者的采访，她说："我能扛过去这份不幸和苦难，不能惊扰大家平静的生活。"记者感到很疑惑，说："您真傻，如果让我们电视台报道后，社会上一定有许多人献出爱心，您会收到很多捐款的。"

这次轮到苏姗疑惑了，她说："我要人家捐款干什么？我失去了丈夫，失去了一个孩子，另一个孩子受了伤，确实很不幸，不过，这和金钱有什么关系？"可是，尽管苏姗一再谢绝记者的采访，记者回去后，还是把这次采访录像在黄金时间播出了。

节目播出后，苏姗的不幸遭遇，引起了社会的普遍关注。真如记者所言，许多素不相识的市民前来看望苏姗，有的送钱送物表示慰问，还有的男士向她表达了自己的爱慕之情。一时间，苏姗家里门庭若市，她的平静生活被打破了。苏姗一再向来访者说明自己不需要钱和物，并对那些上门求婚的男士婉言拒绝，但是还是不断有人找上门来。

苏姗感到心力交瘁、疲惫不堪，她对电视台擅自播放自己的不幸遭遇很气愤。她认为，自己遭遇人生的不幸也是自己的隐私，没必要让大家都知道，再说无论多大的不幸和困难，自己都能够克服。

最终，苏姗一纸诉状将电视台告上了法庭，要求电视台赔礼道歉，消除影响，并负责将自己收到的钱和物退还给大家。接到法院的传票，电视台的老板感到非常不解："我们将她不幸的遭遇播放出来，她不仅不感谢我们，反而将我们告上法庭，真的不可思议。"

法庭上，听完控辩双方的陈述后，法官史密斯义正词严地指出："其实，在现代生活中，不幸也是一个人的隐私。电视台为了提高收视率，在没有得到当事人许可的情况下，擅自播放采访苏姗的录像，干扰了苏姗的平静生活，给她造成了极大的心理伤害，这是一种严重的过错行为。"

经过法庭合议后，史密斯当庭宣判："电视台在每天晚上的黄金时间段播放向苏姗道歉的声明，时间长达一个月，并负责退还苏姗收到的钱和物。"对于这项判决，电视台的老板表示诚恳接受，并当庭向苏姗表示了歉意。

一石激起千层浪，这场官司引起了社会各界的广泛关注，经过多方论证，科茨沃尔德市专门颁布了一项法律。这项法律明确规定："不幸和苦难，也是一个人的隐私，擅自曝光他人的不幸和苦难，是一种严重侵犯他人人格尊严的行为，是对他人人生的一种亵渎和践踏。"不幸和苦难，不是用来消费的，关注生活，关注人生，但不能侵犯他人的隐私。尊重隐私，尊重不幸和苦难，也是现代社会文明的一个重要标志。

做一个"两面派"

去过罗马之后，我便在手提包里塞了个铜板，铜板上印着罗马神。这位古罗马神是一位两面神，每年元旦，古罗马城都要向他献礼。他前后长着两张面孔，向后的一张面孔用来观察过去，吸取历史教训；向前的一张则是面向未来，带给人们美好的憧憬。

人的确往往有两面性。我们经常在面对工作和面对自己时产生很大的矛盾，又或是在公共领域和私人领域冲撞时爆发性格上的冲突，一点也不开心。我们不妨看看古老罗马神，想想他的论调——两张脸都是自己！

我到威尼斯，遇见一位拥有建筑学博士学位的导游。跟着他的脚步穿梭在威尼斯小巷，听着他娓娓道出威尼斯伟大华丽的年代，真是享受。

面对这么一位有学识的导游，我终于忍不住问他："你喜欢威尼斯哪一点？为何选择待在这里？"

聪明的导游嘴角略微扬起，说："你是不是想问我拿了建筑博士学位，为何不去外面高就，还窝在这里做导游？"尴尬的我只好承认自己管不住那庸俗的好奇心。

"在这儿读建筑博士往往要花上10年，但一旦待上两年，人们都会爱上这里。我回到亚洲，看到大家只知道拼命应酬赚钱，可就算我搞建筑赚了大钱，又如何呢？在这美丽的城市，当导游聊建筑是件很开心的事，我愿意把往后几十年全部献给意大利。我带过好多有钱人的旅行团，这些人都说很想跟我换换角色过日子。"博士导游说。

在威尼斯划"贡多拉"小船的船夫多半是"家承制"，可能家里三代都是当船夫的，他们认为划船这份工作无关贵贱。的确，威尼斯人和我们的价值观、人生观很不一样。他们从小如果不是读书的料，家长们会早早就将孩子送去学才艺、打铁、美发或制鞋。他们凡事依着自己的"心"来做事。

近日，我有一位身居高位15年的女强人朋友，忽然抛弃既有的成功，到纽约学习心爱的美食烹饪技术，而且一去就是3年！

重新开始自己的另一段人生，其实不容易，是需要一点胆识的。但进一步想，有"胆识"其实不难，更难的是很多人在面对选择时不知道该做别人心中认可的自己，还是选择做真实的自己。我们不妨练习一下当个罗马两面神——

第一、学习罗马神的"妥协"。"满意自己的现况，随时随地做自己"并不是件容易的事，有时必须懂得妥协。

第二、周末不妨面对镜子，静下心来想象三五年后的自己。你希望看到什么样的自己？想象中的未来和现在是否有冲突？"做自己"绝对不是有钱人才能做的事，如果超过40岁，还在做别人，那么你的榜样永远是别人，这样会很辛苦。

第三、要找回"感觉"。社会世俗会让人变得"无感"，我们要时时想着罗马两面神，不要只看无奈的过去，而是面对未来，要有美好的幻想与盼望！